essentials

Springer Essentials sind innovative Bücher, die das Wissen von Springer DE in kompaktester Form anhand kleiner, komprimierter Wissensbausteine zur Darstellung bringen. Damit sind sie besonders für die Nutzung auf modernen Tablet-PCs und eBook-Readern geeignet. In der Reihe erscheinen sowohl Originalarbeiten wie auch aktualisierte und hinsichtlich der Textmenge genauestens konzentrierte Bearbeitungen von Texten, die in maßgeblichen, allerdings auch wesentlich umfangreicheren Werken des Springer Verlags an anderer Stelle erscheinen. Die Leser bekommen „self-contained knowledge" in destillierter Form: Die Essenz dessen, worauf es als „State-of-the-Art" in der Praxis und/oder aktueller Fachdiskussion ankommt.

Dirk Schmidt

Rechtliche Grundlagen für den Maschinen- und Anlagenbetrieb

Auflagen und Anforderungen in der Bundesrepublik Deutschland

 Springer Gabler

Dirk Schmidt
Achim
Deutschland

OnlinePLUS Material zu diesem Buch finden Sie auf http://www.springer-Gabler.
de/978-3-658-05611-7

ISSN 2197-6708   ISSN 2197-6716 (electronic)
ISBN 978-3-658-05611-7   ISBN 978-3-658-05612-4 (eBook)
DOI 10.1007/978-3-658-05612-4

Die Deutsche Nationalbibliothek verzeichnet diese Publikation in der Deutschen Natio-
nalbibliografie; detaillierte bibliografische Daten sind im Internet über http://dnb.d-nb.de
abrufbar.

Springer Gabler
© Springer Fachmedien Wiesbaden 2014

Springer Gabler ist eine Marke von Springer DE. Springer DE ist Teil der Fachverlagsgruppe
Springer Science+Business Media
www.springer-gabler.de

Vorwort

Das Essential gibt einen allgemein gehaltenen, kompakten Überblick über die einzelnen Zusammenhänge im Umgang mit Maschinen und Anlagen. Anhand von Beispielen wird den verschiedenen Akteuren, die im Lebenszyklus einer Maschine vorkommen können, verdeutlicht, welche Gesetze und Richtlinien sie zu berücksichtigen haben. Die Verantwortlichkeiten werden aufgezeigt, die im Rahmen des gesetzeskonformen Handelns auf die Akteure zukommen. Mögliche Vorgehensweisen und Hilfsmittel für die verschiedenen Lebensphasen werden dargestellt. Die dargestellten Vorgehensweisen beziehen sich ausschließlich auf Gebraucht- und Altmaschinen sowie Anlagen, die in der Bundesrepublik Deutschland betrieben werden.

Diese Veröffentlichung ist gleichzeitig eine Danksagung an Herrn Reiner Wasmuth, Obmann des ANP Weser-Ems, der mir mit Rat und Tat zur Seite steht und mich antrieb, meine Reputation weiter auszubauen. Von ihm konnte ich während unserer Zusammenarbeit viel lernen, nicht nur was den Bereich der Normung angeht, sondern auch wie sehr eine gute Zusammenarbeit und Kommunikation die Produktivität des Einzelnen steigert. Bei den Kollegen und mir waren eine gesteigerte Motivation zur Arbeit sowie eine Bereitschaftssteigerung, sich neuen Aufgaben zu widmen, stark zu erkennen. So ermutigte er mich unter anderem, dieses Essential zu verfassen.

Der Beitrag wurde sorgfältig erarbeitet. Trotz allem sind alle Angaben ohne Gewähr und ich kann für eventuelle Nachteile oder Schäden, die aus den hier gemachten Hinweisen entstehen könnten, keine Haftung übernehmen.

Achim, im März 2014   Dirk Schmidt

Inhaltsverzeichnis

Abkürzungsverzeichnis

Abs.	Absatz
AEUV	Vertrag über die Arbeitsweise der Europäischen Union
allg.	allgemein
AMBV	Arbeitsmittelbenutzungsverordnung
ArbSchG	Arbeitsschutzgesetz
Art.	Artikel
ATEX	Atmosphère Explosible
BAuA	Bundesanstalt für Arbeitsschutz und Arbeitsmedizin
BetrSichV	Betriebssicherheitsverordnung
BGB	Bürgerliches Gesetzbuch
BGV	Berufsgenossenschaftliche Vorschriften
bzw.	beziehungsweise
CE	Laut Auskunft der Europäischen Kommission hat das Bildzeichen „CE" heute keine literale Bedeutung mehr, sondern ist ein Symbol der Freiverkehrsfähigkeit in der EU.
CEN	Europäisches Komitee für Normung
DIN	Deutsches Institut für Normung e. V.
EG	Europäische Gemeinschaft
EMV	Elektromagnetische Verträglichkeit
EN	Europäische Norm
EU	Europäische Union
EWG	Europäische Wirtschaftsgemeinschaft
EWR	Europäischer Wirtschaftsraum
GmbH	Gesellschaft mit beschränkter Haftung
IEC	Internationale Elektrotechnische Kommission
ISO	International Organization for Standardization
KUKA	Keller und Knappich Augsburg

MRL	Maschinenrichtlinie (2006/42/EG)
ProdHaftG	Produkt Haftungsgesetz
ProdSG	Produktsicherheitsgesetz
ProdSV	Produktsicherheitsverordnung
TRBS	Technische Regeln für Betriebssicherheit
usw.	und so weiter
UVV	Unfallverhütungsvorschriften
WHG	Wasserhaushaltsgesetz
z. B.	zum Beispiel

Einleitung

1

1.1 Problemstellung

Unternehmer können Maschinen ohne jegliche Schutzeinrichtungen betreiben. Ganz gleich wann, wo und welchem Zustand sich die Maschinen befinden. Schließlich schaffen sie Arbeitsplätze und fördern somit die Wirtschaft. Außerdem werden die Produktionskosten gering gehalten und der Gewinn des Unternehmers kann dadurch steigen. Aus Unternehmersicht eine vielversprechende Aussicht. Die Sachlage liegt nur etwas anders. Natürlich darf jeder Unternehmer werden. Es steht ja bereits im Grundgesetzt Art. 12 (1), dass alle Deutschen Bürger das Recht auf freie Berufs- und Arbeitsplatzwahl haben.[1] Allerdings steht ebenfalls im Grundgesetz, dass zwar jeder das Recht der freien Entfaltung seiner Persönlichkeit hat aber nur soweit er nicht die Rechte anderer verletzt und nicht gegen die verfassungsmäßige Ordnung oder das Sittengesetz verstößt[2], denn jeder hat das Recht auf Leben und körperliche Unversehrtheit.[3] Diese und weitere Grundrechte veranlassen den Staat zum Handeln. Um das Spannungsverhältnis der Wirtschaftsakteure aufzulösen. Der Grund für das Eingreifen des Staates ist der Zweck der Gefahrenabwehr und deshalb greift er zum Mittel des Gesetzes.

Somit stehen Unternehmen immer wieder vor der Frage, ob alles im Unternehmen rechtskonform ist, wenn eine Maschine oder Anlage für die Produktion angeschafft wird. Dabei wird darauf geachtet, dass die neuen Maschinen und Anlagen beim Ankauf bereits eine CE-Zertifizierung mit einer Konformitätserklärung sowie einem Typenschild versehen sind. Die Einhaltung der gesetzlichen Vorschrif-

---

[1] Art. 12 (1) Grundgesetz vom 23. Mai 1949 (BGBl. S. 1), zuletzt geändert durch das Gesetz vom 11. Juli 2012 (BGBl. I S. 1478).

[2] Art. 2 (1) Grundgesetz.

[3] Art. 2 (2) Grundgesetz.

D. Schmidt, *Rechtliche Grundlagen für den Maschinen- und Anlagenbetrieb*, essentials, DOI 10.1007/978-3-658-05612-4_1, © Springer Fachmedien Wiesbaden 2014

ten und die damit verbundene Sicherheit gegen Ansprüche Dritter, zum Beispiel Arbeitnehmer, die bei einem eventuellen Unfall an oder durch die Maschine entstehen und somit zu Schaden kommen könnten, sind auszuschließen. Hierbei trägt der Arbeits- und Gesundheitsschutz nach der Betriebssicherheitsverordnung einen hohen Stellenwert.

Augenscheinlich stellen die dafür gültigen Regeln und Rechtsvorschriften große Hindernisse für Unternehmer dar. Die Gründe dafür könnten sich darin wiederfinden, dass das Bewusstsein nicht auf die Auswirkung bei Nichteinhaltung gerichtet ist, sondern eher auf die Kosten der Umsetzung.

Änderungen in den verschiedenen technischen Regeln, Normen, Richtlinien, Gesetzen national und dem Europarecht werden nur teilweise umgesetzt, da Mängel in der Umsetzung erst durch Vorkommnisse, wie zum Beispiel Arbeitsunfälle, auffällig geworden sind. Unternehmer/Betreiber haben nicht die Wahl ob eine Vorschriftenänderung umgesetzt wird oder nicht, sondern sie haben die Verpflichtung die Änderungen in ihrem Unternehmen umzusetzen. Sie stehen weniger vor der Frage, ob sie rechtskonform arbeiten und handeln, beziehungsweise es wissen, sich doch der Konsequenzen nicht klar sind.

Die Gefahren, die sich daraus entwickeln können, betreffen nicht nur den immateriellen[4] Schaden des Arbeits- und Gesundheitsschutzes, sondern ebenfalls materielle[5] Schäden durch Rechtsverletzungen, entstehende Haftungsansprüche, Schadenersatzansprüche, Image- und Kundenverluste. Bei vielen Betreibern von Maschinen und Anlagen herrscht eine große Unsicherheit im Umgang mit den Gerätschaften, was die Pflichten und Aufgaben des Betreibers von Industriemaschinen und Anlagen betrifft.

Es lassen sich folgende, wiederkehrende Fragen erkennen:

- Welche Verordnung oder Richtlinie muss angewendet werden, wenn es um Änderungen von Maschinen geht?
- Was muss der Betreiber beachten, wenn er eine Maschine oder Anlage in ein anderes Werk oder Halle transportieren lässt und sie dort wieder aufbaut?
- Es wird eine Maschine gekauft, worauf muss man als Betreiber achten?
- Gibt es Punkte, die der Betreiber beim Verkauf beachten muss?

---

[4] Immaterielle Schäden sind körperliche oder seelische Belastungen beziehungsweise alle Nachteile außerhalb von Vermögensdispositionen. Sie werden durch subjektive Empfindungen und Wertvorstellungen bestimmt.; Pardey; Berechnung von Personenschäden; 3. Auflage; Rdn. 59; Jungbecker, R.; 2009; Arzthaftung – Mängel im Schadensausgleich?; S. 45.

[5] Materielle Schäden sind identisch mit den Vermögensschäden. Sie liegen vor, wenn der Schaden in Geld messbar und auch nicht der Persönlichkeitssphäre zuzuordnen ist.; Lange, H., Schiemann, G.; 2003; Handbuch des Schuldrechts „Schadenersatz"; 3. Auflage; S. 51; Jungbecker, R.; 2009; Arzthaftung – Mängel im Schadensausgleich?; S. 44.

Diese Auflistung ist nur ein kleiner Teil der Fragen, die sich den Betreibern immer wieder stellen. Es gibt keine einheitliche Regelung zur Vorgehensweise für die verschiedenen Möglichkeiten der einzelnen Fälle. Jeder Fall ist individuell zu betrachten.

Ein fiktives Fallbeispiel der Firma Y wird zeigen was Unternehmer berücksichtigen und wissen müssen. Das Beispiel:

Die Firma Y ist ein Hersteller von Verbraucherprodukten. Aufgrund der steigenden Nachfrage ihrer Produkte am Markt will sie ihre Produktion steigern. Eine zusätzliche Anlage soll angeschafft werden. Weil der Kaufpreis der Maschine so gering wie möglich sein soll, entscheidet die Unternehmensleitung sich für eine Gebrauchtmaschine. Da die Gebrauchtmaschine bestimmte produktionstechnische Anforderungen erfüllen muss, ist es fraglich, ob genau die richtige Maschine auf dem Markt zu bekommen ist oder die Maschine gegebenenfalls angepasst werden muss.

1.2 Zielsetzung

Eine Anleitung zu verfassen, die Hilfestellung in der Anschaffung, Betrieb und Umbau mit Maschinen und Zusammenhänge aufzeigt ist das Ziel dieses Buches. In einer Art Handbuch wird schriftlich fixiert, welche Richtlinien und Vorschriften bei der Abstimmung der Maßnahmen für den Betreiber wichtig sind.

An dem Beispiel der Firma Y wird der Weg aufgezeigt, den der Betreiber gehen muss, um darzustellen welche Rechtsvorschriften angewandt werden müssen. Haftungsansprüche, Schadenersatzansprüche und/oder Rechtsansprüche Dritter werden somit im Vorfeld vermieden.

Die dargestellten Vorgehensweisen beziehen sich ausschließlich auf Gebraucht- und Altmaschinen sowie Anlagen, die in der Bundesrepublik Deutschland betrieben werden.

Ebenfalls wird verdeutlicht, dass der Betreiber gegebenenfalls weitere Bereiche beherrschen muss, zum Beispiel Handel oder Herstellung, wenn er Maschinen weiter veräußert oder wesentlich verändert.

In solchen Fällen wird er von der Rolle des Betreibers in die Rolle des Händlers und/oder Herstellers gelangen und muss ebenfalls in den Bereichen wissen, wie er sich rechtssicher zu verhalten hat. Es werden die Rechtsvorschriften aufgezeigt, die unabhängig von der Branche Mindestanforderungen beschreiben und somit die Grundlage für rechtssicheres Verhalten bilden.

1.3   Aufbau

Die Arbeit beschreibt anfänglich grundlegende Vorschriften und Begrifflichkeiten, die Betreiber von Industriemaschinen und Industrieanlagen betreffen. Mit Hilfe des Beispiels der Firma Y werden in Hauptkapitel 3 die Anforderungen an Betreiber beim Betreiben, Umbau, Handeln und Herstellen von Maschinen beschrieben und wie sie an-zuwenden sind. In einer Stellungnahme wird der Gedankengang zusammengefasst. Das letzte Kapitel fasst wesentliche Erkenntnisse zusammen.

1.4   Methodik

Die Arbeit stellt eine theoretische Abhandlung dar, die sich insbesondere mit den Richtlinien, Vorschriften und der Fachliteratur der einzelnen Fachgebiete auseinandersetzt.

1.5   Motivation

Die Anregung zu dieser Arbeit erhielt der Verfasser über seine Erfahrungen während seiner Beratertätigkeiten in verschiedenen Unternehmen in den Bereichen Qualitäts-, Normen-, Prozessmanagement und CE-Koordination[6]. Im Rahmen der Optimierung administrativer Prozesse und der internen Kommunikation wurden übergreifende Aufgaben unter anderem mit dem Arbeitsschutzmanagementsystem (AMS), Brandschutz und Umweltmanagement abgestimmt.

Dieses geschieht in Form von Beratung über Vorträgen bis hin zu Workshops und Schulungen, und zwar in den Bereichen:

---

[6] Der CE-Koordinator hat die Geschäftsführung und alle betroffenen Abteilungen eines Betriebes in allen CE-Konformitätsfragen zu unterstützen und zu informieren. Dazu hat er insbesondere folgende Tätigkeiten auszuführen: Ermittlung der für die CE-Kennzeichnung relevanten Normen und Richtlinien, Einführung systematische Prozesse und Schaffung geeigneter unternehmensinterner Strukturen zur Vergabe des gesetzlich geforderten CE-Kennzeichens, Durchführung und Begleitung von Risikobeurteilungen und Risikobewertungen, Unterstützung bei der Erstellung von Konformitätserklärungen, Unterstützung bei der Erstellung von technischen Dokumentationen, Überprüfung und Bewertung der CE-Konformität von Zulieferprodukten.; TÜV; 2011; Merkblatt Personalqualifikation CE-Koordinator; S. 5.

- Arbeitsschutzmanagementsysteme (AMS)[7]
- CE-Koordination
- Prozessoptimierung
- Normung
- Produktsicherheit
- Produkthaftung

Das Bearbeiten dieser Themenbereiche setzt voraus, dass die Grundlagen der Vorschriften und deren Wertigkeit sowie die festgelegten Definitionen der Begrifflichkeiten bekannt sind.

---

[7] Auf Organisationsebene soll das AMS alle Angehörigen der Organisation motivieren, sich aktiv an einer systematischen Durchführung des Arbeitsschutzes zu beteiligen. Mit dem Ziel der Einhaltung von Arbeitsschutzvorschriften, das systematische Ineinandergreifen der Elemente des AMS der Organisation, die kontinuierliche Verbesserung der Arbeitsschutzleistung und die Integration von Sicherheit und Gesundheitsschutz in die Abläufe der Organisation, auf eine Weise, die gewährleistet, dass sie gleichzeitig einen Beitrag zur Verbesserung der Wirtschaftlichkeit leisten können.; BAuA; 2002; Leitfaden für Arbeitsschutzmanagementsysteme; S. 3.

Grundlagen 2

Das Bearbeiten dieser Themenbereiche setzt voraus, dass die Grundlagen der Vorschriften und deren Wertigkeit sowie die festgelegten Definitionen der Begrifflichkeiten bekannt sind.

2.1 Vorschriften

Die Aufgabe des Staates ist gemäß Art. 20a des Grundgesetzes nicht nur der gegenwärtige Schutz der natürlichen Lebensgrundlagen, sondern er trägt auch die Verantwortung für die künftigen Generationen.[1] Mit der Kodifizierung der Gesetze setzt der Staat seine Verpflichtung zur Gefahrenabwehr um. Es gibt eine Vielzahl an Vorschriften, wie zum Beispiel in Abb. 2.1 dargestellt, die in Verbindung zu einander stehen. Einige werden auf europäischer Ebene beschlossen, andere auf Länderebene und wieder andere von privatwirtschaftlichen Institutionen. Hinsichtlich der Relevanz und Verbindung der einzelnen Vorschriften untereinander wird in den folgenden Punkten näher eingegangen.

Gesetze Eine vom Staat festgesetzte, rechtlich bindende Vorschrift ist ein Gesetz. Es wird vom Gesetzgeber erlassen und stellt eine Sammlung von allgemein verbindlichen Rechtsnormen dar, anhand derer das Zusammenleben der Gesellschaft im Staat geregelt wird.

---

[1] Artikel 20a Grundgesetz, Der Staat schützt auch in Verantwortung für die künftigen Generationen die natürlichen Lebensgrundlagen und die Tiere im Rahmen der verfassungsmäßigen Ordnung durch die Gesetzgebung und nach Maßgabe von Gesetz und Recht durch die vollziehende Gewalt und die Rechtsprechung.

D. Schmidt, *Rechtliche Grundlagen für den Maschinen- und Anlagenbetrieb*, essentials, DOI 10.1007/978-3-658-05612-4_2, © Springer Fachmedien Wiesbaden 2014

Abb. 2.1 Auswahl europäischer/nationaler Rechtsvorschriften und Regeln für Maschinen. (Eigene Darstellung)

Unterschieden wird in der Rechtswissenschaft zwischen dem Gesetz im formellen Sinne und dem Gesetz im materiellen Sinne. Im materiellen Sinne handelt es sich um ein Gesetz, dass bei vielen Einzelfällen bestimmte Rechtsfolgen und Außenwirkung entfaltet. Ein Beispiel für ein Gesetz im materiellen Sinn ist daher die 9. Verordnung zum Produktsicherheitsgesetz[2] (Maschinenverordnung) (9. ProdSV). Das Glossar des Deutschen Bundestag besagt, dass Gesetze im formellen Sinn, alle Gesetze sind, die durch das Gesetzgebungsverfahren, das die Verfassung vorschreibt, vom Parlament (dem Bundestag oder einem Landesparlament) verabschiedet werden.[3] Das Grundgesetz als unsere Verfassung ist das höchste Recht, ihm ordnen sich die formellen Gesetze unter, wobei Bundesrecht, zum Beispiel das Bürgerliche Gesetzbuch (BGB)[4] Vorrang vor Landesrecht, zum Beispiel die Niedersächsische Verfassung[5] hat. Rechtsverordnungen und Satzungen folgen in der Wertigkeit.

Technische Normen Technische Normen und Richtlinien stehen in keiner direkten Abhängigkeit zueinander. Technische Normen sind Empfehlungen und zunächst rechtlich unverbindlich. Die Normen, die im Amtsblatt[6] der EU gelistet sind, entfalten die Vermutungswirkung, dass bei Ihrer Anwendung die Sicherheitsanforderungen einer Richtlinie eingehalten werden.

In bestimmten zeitlichen Abständen werden Abstimmungsergebnisse von kompetenten Fachleuten und Vertretern interessierter Kreise, die den Stand der Technik sowie den jeweils gesicherten Stand der wissenschaftlichen Erkenntnisse oder allgemein anerkannte Regeln der Technik, in einem anerkannten technischen Regelwerk[7] konkretisiert.

---

[2] Neunte Verordnung zum Produktsicherheitsgesetz (Maschinenverordnung) vom 12. Mai 1993 (BGBl. I S. 704), die zuletzt durch Artikel 19 des Gesetzes vom 8. November 2011 (BGBl. I S. 2178) geändert worden ist.

[3] Deutscher Bundestag; http://www.bundestag.de/service/glossar/G/gesetze.html; 24.05.2013; 14:25 Uhr.

[4] Bürgerliches Gesetzbuch in der Fassung der Bekanntmachung vom 2. Januar 2002 (BGBl. I S. 42, 2909; 2003 I S. 738), das zuletzt durch Artikel 7 des Gesetzes vom 7. Mai 2013 (BGBl. I S. 1122) geändert worden ist.

[5] Niedersächsische Verfassung, vom 19. Mai 1993 (Nds. GVBl. S. 107), zuletzt geändert durch Art. 1 des Gesetzes vom 30.06.2011.

[6] Amtsblatt der EU L 157; http://eur-lex.europa.eu/JOHtml.do?uri=OJ:L:2006:157:SOM:EN:HTML.

[7] DIN EN ISO 13849-1; Sicherheit von Maschinen – Sicherheitsbezogene Teile von Steuerungen – Teil 1: Allgemeine Gestaltungsleitsätze (ISO 13849-1:2006); Deutsche Fassung EN ISO 13849-1:2008.

Durch Festlegung der Erfahrungssätze als Standard entsteht eine einmalige Lösung, in Form einer Norm, bezogen auf einer sich wiederholenden Aufgabe. Sie sind die Voraussetzung für die Lösung technischer und wirtschaftlicher Aufgaben, mit dem Ziel einen wirksamen Schutz vor Personen- und Sachschäden beim Umgang mit Produkten zu erreichen. Dokumentierte Anforderungen können sich auf Produkte[8], aber auch auf Prozesse beziehen. Die Standardisierung führt die Wünsche und Vorschläge aller relevanten Institutionen wie Hersteller, Verbraucherverbände, Juristen, Forschungseinrichtungen, Prüf- und Zertifizierungsstellen zu einem allgemein anerkannten Werk zusammen.

Damit bilden Normen die Basis für geordnete Abläufe in allen Bereichen von Wirtschaft und Verwaltung. Dieses standardisierte Regelwerk enthält einen Katalog von Anforderungen.

Normen schaffen Vergleichbarkeit und existieren auf verschiedenen Ebenen mit unterschiedlichen Reichweiten:

- nationale Standards, wie etwa die Standards des Deutsches Institut für Normung (DIN) in Deutschland (z. B. DIN 820-3:1998-07)[9]
- europäische Standards, etwa die EN-Standards in der Europäischen Union (z. B. DIN EN 45020:2007-03)[10]
- internationale Standards wie die IEC- und ISO-Normen, die von einer Vielzahl von Nationen auf der ganzen Welt anerkannt werden (z. B. DIN EN ISO 13849-1)[11]

Die Geltungsbereiche der Normen beschreiben das Umfeld oder den Anwendungszweck. Es können somit mehrere Normen für ein Produkt gelten. Wobei nur harmonisierte Normen die Konformitätsvermutung zur Richtlinie entfalten.

Harmonisierte Norm Harmonisierte Normen sind im Sinne des neuen Konzepts[12] der EU die Normen, die Konformität mit den entsprechenden Richtlinien aufweisen.

---

[8] § 2 (22) Produktsicherheitsgesetz: Im Sinne dieses Gesetzes sind Produkte Waren, Stoffe oder Zubereitungen, die durch einen Fertigungsprozess hergestellt worden sind.

[9] DIN 820-3:2010-07; Normungsarbeit – Teil 3: Begriffe.

[10] DIN EN 45020:2007-03; Normung und damit zusammenhängende Tätigkeiten – Allgemeine Begriffe (ISO/IEC Guide 2:2004); Dreisprachige Fassung EN 45020:2006.

[11] DIN EN ISO 13849-1; Sicherheit von Maschinen – Sicherheitsbezogene Teile von Steuerungen – Teil 1: Allgemeine Gestaltungsleitsätze (ISO 13849-1:2006); Deutsche Fassung EN ISO 13849-1:2008.

[12] Amtsblatt der Europäischen Gemeinschaften Nr. C 136/1; Entschließung des Rates vom 7. Mai 1985 über eine neue Konzeption auf dem Gebiet der technischen Harmonisierung und der Normung (85/C 136/01). www.newapproach.org; Diese Website stellt die gemeinsa-

Sie werden im Amtsblatt der EU bekannt gegeben. Dabei wird der Termin festgelegt, ab dem die Anwendung der Norm und damit Konformität mit den Anforderungen möglich ist. Es können bestehende Normen den europäischen Normungsorganisationen zur Harmonisierung vorgelegt werden, diese sind nach Genehmigung für den Inhalt verantwortlich.

Sämtliche europäische harmonisierte Normen müssen als nationale Normen umgesetzt werden. So wurde zum Beispiel die nationale Norm DIN 820-3:2010-07 bei der Normungsarbeit die Definition und Klassifikation der unterschiedlichen Normenarten, als Fachnorm in die Grundnorm DIN EN 45020:2007-03, Normung und damit zusammenhängende Tätigkeiten (Allgemeine Begriffe) übernommen.

Mandatierte Normen Wenn von mandatierten Normen die Rede ist, verstehen sich darunter harmonisierte Normen, deren Erarbeitung von der europäischen Kommission bei den europäischen Normenorganisationen in Auftrag gegeben und deren Fundstelle im EU-Amtsblatt veröffentlicht wurden (z. B. CEN – Europäisches Komitee für Normung[13]).

Richtlinien Eine der beiden in Lissabon geschlossenen rechtlichen Grundlagen auf denen die Europäische Union (EU) basiert, ist der Vertrag über die Arbeitsweise der Europäischen Union (AEUV)[14]. In diesem Vertrag sind die Absichten beschrieben, die mit der Unterzeichnung gefördert werden sollen.

In der Präambel wurde verabschiedet, dass unter anderem die verfolgte Absicht darin besteht, die Grundlagen für ein engeres Zusammenarbeiten der europäischen Völker zu schaffen. Ziel ist die stetige Verbesserung der Lebens- und Beschäftigungsbedingungen aller Staaten der EU zu erreichen. „Dieser Vertrag regelt die Arbeitsweise der Union und legt die Bereiche, die Abgrenzung und die Einzelheiten der Ausübung ihrer Zuständigkeiten fest."[15]

Die Rechtsprechung des Europäischen Gerichtshofs, „insbesondere das Urteil in der Rechtssache 120/78 („Cassis de Dijon"), liefert die zentralen Elemente für die gegenseitige Anerkennung mit folgender Wirkung:

---

men Anstrengungen der drei europäischen Normungsorganisationen (CEN, CENELEC und ETSI) gemeinsam sowohl mit der Europäischen Kommission und der EFTA.

[13] http://www.cen.eu/cen/Pages/default.aspx.

[14] Der Vertrag über die Arbeitsweise der Europäischen Union (AEUV) zählt zum Primärrecht der EU. Basis des AEUV ist der EWG-Vertrag aus 1957 Änderungen erfolgten durch den Vertrag von Maastricht (EG-Vertrag, EGV), den Vertrag von Nizza und den Vertrag von Lissabon. Seinen heutigen Namen erhielt der AEUV mit Inkrafttreten des Vertrags von Lissabon am 1. Dezember 2009. Der AEUV umfasst 358 Artikel und existiert in 23 gleichwertigen Sprachversionen, die gleichermaßen rechtsverbindlich sind; www.aeuv.de.

[15] Art. 1 (1) AEUV 2008.

- In einem Land legal hergestellte bzw. in den Verkehr gebrachte Produkte können im Prinzip in der gesamten Gemeinschaft frei vertrieben werden, sofern diese Produkte Schutzniveaus entsprechen, die mit denen des exportierenden Mitgliedstaats vergleichbar sind, und innerhalb des exportierenden Landes in den Verkehr gebracht werden;
- liegen keine Gemeinschaftsmaßnahmen vor, steht es den Mitgliedstaaten frei, in ihrem Hoheitsgebiet Rechtsvorschriften zu erlassen;
- Handelshemmnisse, die sich aus Unterschieden in den Rechtsvorschriften der Mitgliedstaaten ergeben, sind nur hinnehmbar, wenn die nationalen Maßnahmen
  - notwendig sind, um obligatorischen Anforderungen zu entsprechen (z. B. Gesundheit, Sicherheit, Verbraucherschutz, Umweltschutz),
  - einem legitimen Zweck dienen, der die Verletzung des Grundsatzes des freien Warenverkehrs rechtfertigt,
  - im Hinblick auf den legitimen Zweck gerechtfertigt werden können und in einem angemessenen Verhältnis zu den Zielen stehen."[16]

Entscheidungen des Europäischen Gerichtshofs in dieser Form gaben Anlass für die Erstellung des Vertrags.

Richtlinien treten in Kraft, sobald die Richtlinien den Mitgliedsstaaten mitgeteilt oder im Amtsblatt veröffentlicht wurden. Die Ratifikation muss dann in nationales Recht umgesetzt werden und ist erst darüber auch für den Einzelnen verbindlich. „Die EU-Richtlinien gelten unmittelbar nur für die Mitgliedsstaaten, die diese in nationales Recht umsetzen müssen. Hierfür wird in den Richtlinien eine Frist gesetzt. Die Geltung innerhalb der nationalen Rechtsordnung der einzelnen Staaten beginnt jeweils mit dem Inkrafttreten der entsprechenden nationalen Rechtsnorm."[17].

Arbeits- und Gesundheitsschutzvorschriften Diese in Deutschland erforderlichen Detailumsetzungen beispielsweise des Arbeits- und Gesundheitsschutzes werden unter anderem in den Berufsgenossenschaftlichen Vorschriften und den Technischen Regeln für Betriebssicherheit geregelt.

BGV Im Rahmen des Ausbaus der Zusammenarbeit und der einheitlichen Regelung in Europa, sowie die Umsetzung der europarechtlichen Vorgaben, durch die in nationales Recht umgesetzten Anforderungen wie zum Beispiel der Betriebssicherheitsverordnung, mussten die Unfallverhütungsvorschriften (UVV)

---

[16] Europäische Kommission; 2000; Leitfaden für die Umsetzung der nach dem neuen Konzept und dem Gesamtkonzept verfassten Richtlinien; Luxemburg; S. 7.
[17] http://www.eu-richtlinien-online.de/cn/J-119C23A113DCB2FCECAF26D842BF051B.4/bGV2ZWw9dHBsLWluZm8tZWctcmljaHRsaW5pZW4*.html 28.01.2013 07.54 Uhr.

in Deutschland zurückgezogen werden. Die einschlägigen Unfallverhütungsvorschriften konnten als eigenständiges Recht zurückgezogen und außer Kraft gesetzt werden. Diese Zurückziehung von 43 maschinenbezogenen Vorschriften erfolgte zeitgleich mit dem Inkrafttreten der neuen Unfallverhütungsvorschrift „Grundsätze der Prävention" (BGV A1) zum 1. Januar 2004."[18] Das Bundesministerium für Arbeit und Soziales als Fachaufsicht genehmigt die Berufsgenossenschaftlichen Vorschriften für Arbeitssicherheit und Gesundheitsschutz (BGV).

Sie regelt die Grundsätze der Prävention im Arbeits- und Gesundheitsschutz[19]:

- den Geltungsbereich von Unfallverhütungsvorschriften
- Pflichten des Unternehmers
- Pflichten der Versicherten
- Organisation des betrieblichen Arbeitsschutzes
- Ordnungswidrigkeiten
- Übergangs- und Ausführungsbestimmungen
- Aufhebung von Unfallverhütungsvorschriften
- Inkrafttreten

Die detaillierte Umsetzung im Bereich der Betriebssicherheit erfolgt in den technischen Regeln.

Nationale Technische Regeln (TR) Rechtsgrundlage für die Technischen Regeln für Betriebssicherheit (TRBS) ist zum Beispiel die Betriebssicherheitsverordnung. Die technische Regel für Betriebssicherheit (TRBS) 1201[20] gibt den „Stand der Technik, Arbeitsmedizin und Arbeitshygiene sowie sonstige gesicherte, arbeitswissenschaftliche Erkenntnisse für die Bereitstellung und Benutzung von Arbeitsmitteln sowie für den Betrieb überwachungsbedürftiger Anlagen wieder. Sie werden vom Ausschuss für Betriebssicherheit ermittelt bzw. angepasst und vom Bundesministerium für Arbeit und Soziales im Gemeinsamen Ministerialblatt bekannt gegeben."[21]

Die Anforderungen der Betriebssicherheitsverordnung[22] (BetrSichV) werden im Rahmen der Technischen Regeln des Anwendungsbereichs konkretisiert. „Bei

---

[18] Bell, F.; 2007; Qualität der Prävention – Teilprojekt 6– Unfallverhütungsvorschriften (UVVen); Sankt Augustin; S. 8.

[19] Berufsgenossenschaft Holz und Metall; 2012; BGV A1– Grundsätze der Prävention; S. 3 ff.

[20] Technische Regeln für Betriebssicherheit (TRBS) 1201– Prüfungen von Arbeitsmitteln und überwachungsbedürftigen Anlagen; vom August 2012.

[21] TRBS 1201 (2012), S 1.

[22] Verordnung über Sicherheit und Gesundheitsschutz bei der Bereitstellung von Arbeitsmitteln und deren Benutzung bei der Arbeit, über Sicherheit beim Betrieb überwa-

Einhaltung der Technischen Regeln kann der Arbeitgeber insoweit davon ausgehen, dass die entsprechenden Anforderungen der Verordnung erfüllt sind. Wählt der Arbeitgeber eine andere Lösung, muss er damit mindestens die gleiche Sicherheit und den gleichen Gesundheitsschutz für die Beschäftigten erreichen."[23]

Die TRBS 1201 zum Beispiel konkretisiert die Betriebssicherheitsverordnung (BetrSichV) hinsichtlich

- der Ermittlung und Festlegung von Art, Umfang und Fristen erforderlicher Prüfungen nach den Bestimmungen des Abschn. 2 oder 3 der BetrSichV, zum Beispiel durchzuführende Prüfungen vor der Inbetriebnahme, Unterrichtung[24] und Unterweisung,
- der Verfahrensweise zur Bestimmung der mit der Prüfung zu beauftragenden Person oder zugelassenen Überwachungsstelle,
- der Durchführung der Prüfungen und
- der Erstellung der gegebenenfalls erforderlichen Aufzeichnungen oder Bescheinigungen.[25]

Eine Erleichterung des Erkennens des Sicherheitsniveaus kann für den Betreiber ein CE-Kennzeichen an der Maschine sein (Abb. 2.2).

Mit dem CE-Kennzeichen wird der aktuelle Stand der Technik gewährleistet, und insbesondere die Betriebssicherheitsverordnung. Unterdessen ist die Klarheit über die Rechtssicherheit bei Gebraucht- und Altmaschinen nicht zwingend gegeben.

2.2 Begrifflichkeiten

Um Missverständnissen bei der Auslegung von Begriffen vorzubeugen, werden in den folgenden Unterpunkten die verwendeten Begrifflichkeiten nach der rechtlichen Definition dargestellt.

---

chungsbedürftiger Anlagen und über die Organisation des betrieblichen Arbeitsschutzes (Betriebssicherheitsverordnung – BetrSichV) vom 27. September 2002 (BGBl. I S. 3777), die zuletzt durch Artikel 5 des Gesetzes vom 8. November 2011 (BGBl. I S. 2178) geändert worden ist.

[23] TRBS 1201 (2012), S 1.

[24] Siehe Beispiel einer Anweisung im Anhang.

[25] TRBS 1201 (2012), S 2.

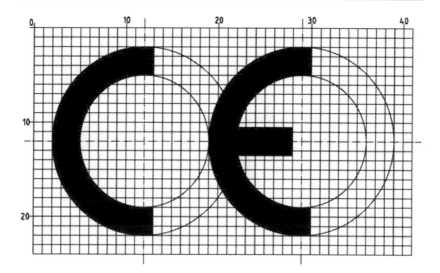

Abb. 2.2 Schriftbild des CE-Kennzeichens in der Rasterdarstellung. (93/465/EWG: Beschluss des Rates vom 22. Juli 1993 über die in den technischen Harmonisierungsrichtlinien zu verwendenden Module für die verschiedenen Phasen der Konformitätsbewertungsverfahren und die Regeln für die Anbringung und Verwendung der CE- Konformitätskennzeichnung; Amtsblatt Nr. L 220 vom 30/08/1993S.0023–0039)

Maßgeblich sind die Maschinenrichtlinie 2006/42/EG[26] und das Produktsicherheitsgesetz[27]. Somit wird eine eventuelle falsche Interpretation der verschiedenen notwendigen Termini ausgeschlossen.

Betreiber Unabhängig von der Größe eines Unternehmens, sei es eine kleine Werkstatt oder ein weltweiter Konzern, ist ein Betreiber gemäß der EU-Definition, „jede natürliche oder juristische Person, die die Anlage betreibt oder besitzt oder der, sofern in den nationalen Rechtsvorschriften vorgesehen, die ausschlaggebende wirtschaftliche Verfügungsmacht über den technischen Betrieb der Anlage übertra-

---

[26] Richtlinie 2006/42/EG; über Maschinen und zur Änderung der Richtlinie 95/16/EG (Neufassung); vom 17. Mai 2006.

[27] Gesetz über die Bereitstellung von Produkten auf dem Markt (Produktsicherheitsgesetz – ProdSG); vom 8. November 2011.

gen worden ist."[28] Ein vereinfachtes Beispiel ist der Selbständige, der eine Drehbank für gewerbliche Zwecke nutzt.

Auf den Betreiber einer Maschine können weitere rechtliche Verantwortlichkeiten zukommen. Zum Beispiel könnte ihn die Veränderung an der Maschine vom Betreiber zum Hersteller dieser werden lassen.

Hersteller Nach der Maschinenrichtlinie 2006/42/EG ist ein Hersteller „jede natürliche oder juristische Person, die eine von dieser Richtlinie erfasste Maschine oder eine unvollständige Maschine konstruiert und/oder baut und für die Übereinstimmung der Maschine oder unvollständigen Maschine mit dieser Richtlinie im Hinblick auf ihr in Verkehr bringen unter ihrem eigenen Namen oder Warenzeichen oder für den Eigengebrauch verantwortlich ist."[29]

Wenn kein Hersteller im Sinne der vorstehenden Begriffsbestimmung existiert, wird jede natürliche oder juristische Person, die eine von dieser Richtlinie erfasste Maschine oder unvollständige Maschine in Verkehr bringt oder in Betrieb nimmt, als Hersteller betrachtet."[30]

Des Weiteren wird jeder Betreiber einer Maschine, die er zum Beispiel bei Umbauarbeiten der Produktionsanlagen, wesentlich verändert zum Hersteller, da die Maschine dann als eine neue Maschine zu betrachten ist. Was eine wesentliche Veränderung darstellt wird im weiteren Verlauf der Arbeit in Kap. 3.5.1 beschrieben.

Kommt der Betreiber zudem noch auf den Gedanken die Maschine selbst zu veräußern, übernimmt er ebenfalls die Rolle des Händlers ein.

Händler Aufgrund der Vollständigkeit muss auch dieser Begriff definiert werden, da jeder Betreiber in die Rolle des Händlers gelangen kann. Das Produktsicherheitsgesetz definiert Händler folgendermaßen: Ein Händler ist jede natürliche oder juristische Person in der Lieferkette, die ein Produkt auf dem Markt bereitstellt, mit Ausnahme des Herstellers und des Einführers.[31]

Einführer Verschiedene Namen werden ebenfalls für den Einführer verwendet, ob es nun der Importeur oder der Einfuhrhändler ist. Die Definition nach dem

---

[28] Art. 2 (6) 1999/13/EG; Richtlinie 1999/13/EG des Rates über die Begrenzung von Emissionen flüchtiger organischer Verbindungen, die bei bestimmten Tätigkeiten und in bestimmten Anlagen bei der Verwendung organischer Lösungsmittel entstehen; vom 11. März 1999.

[29] Art. 2 (i) 2006/42/EG.

[30] Art. 2 (i) 2006/42/EG.

[31] § 2 Abs. 12 Produktsicherheitsgesetz.

Produktsicherheitsgesetz lautet folgendermaßen: Einführer ist jede im Europäischen Wirtschaftsraum ansässige natürliche oder juristische Person, die ein Produkt aus einem Staat, der nicht dem Europäischen Wirtschaftsraum angehört, in den Verkehr bringt.[32]

Inverkehrbringen Das Inverkehrbringen beschreibt die Maschinenrichtlinie wie folgt: „Inverkehrbringen ist die entgeltliche oder unentgeltliche erstmalige Bereitstellung einer Maschine oder einer unvollständigen Maschine in der Gemeinschaft im Hinblick auf ihren Vertrieb oder ihre Benutzung."[33]

Maschine Der Begriff Maschine oder Anlage wurde bisher verwendet, ohne dass genau erläutert wurde, was eine Maschine genau ist. Bevor dies erklärt wird, ist festzuhalten, dass in der Richtlinie 2066/42/EG grundsätzlich der Begriff Maschine genannt wird, unabhängig von der umgangssprachlichen Benennung von zusammenhängenden Maschinen wie Anlagen oder verketteten Anlagen. Aufgrund dessen werden sie ebenfalls mit Maschine betitelt.

Die Richtlinie 2006/42/EG, die sich auf die Industriemaschinen und Anlagen bezieht, im Fachjargon auch Maschinenrichtlinie (MRL) genannt, sagt aus, dass eine Maschine eine mit einem anderen Antriebssystem als der unmittelbar eingesetzten menschlichen oder tierischen Kraft ausgestattete oder dafür vorgesehene Gesamtheit miteinander verbundener Teile oder Vorrichtungen, von denen mindestens eines bzw. eine beweglich ist und die für eine bestimmte Anwendung zusammengefügt sind; der lediglich die Teile fehlen, die sie mit ihrem Einsatzort oder mit ihren Energie- und Antriebsquellen verbinden; die erst nach Anbringung auf einem Beförderungsmittel oder Installation in einem Gebäude oder Bauwerk funktionsfähig ist.[34]

Trifft diese Definition nicht zu, so handelt es sich um eine unvollständige Maschine im Sinne der Maschinenrichtlinie.

Unvollständige Maschine Eine unvollständige Maschine (z. B. Abb. 2.2) ist „eine Gesamtheit, die fast eine Maschine bildet, für sich genommen aber keine bestimmte Funktion erfüllen kann. Ein Antriebssystem stellt eine unvollständige Maschine dar. Eine unvollständige Maschine ist nur dazu bestimmt, in andere Maschinen oder in andere unvollständige Maschinen oder Ausrüstungen eingebaut oder mit ihnen

---

[32] § 2 Abs. 8 Produktsicherheitsgesetz.

[33] Art. 2 (h) 2006/42/EG.

[34] Art. 2 (a) 2006/42/EG.

zusammengefügt zu werden, um zusammen mit ihnen eine Maschine im Sinne
dieser Richtlinie zu bilden."[35]

Beispiele für Teilmaschinen sind Roboter oder Bearbeitungsmaschinen, die
für verkettete Anlagen vorgesehen sind. Bisher waren solche Teilmaschinen vom
Anwendungsbereich der Maschinenrichtlinie berührt, zwingende Forderungen
wurden jedoch zumindest zur teilweisen Anwendung der Richtlinie nie erhoben.

Ein „nackter" Industrieroboter zählt zu den so genannten unvollständigen Maschinen. Für sie ist keine Konformitätserklärung nach der Maschinenrichtlinie
erforderlich, sondern eine Einbauerklärung (bisher Herstellererklärung), denn
die bisher nach Anhang II b anzuwendende „Herstellererklärung" eröffnete dem
Inverkehrbringer von Teilmaschinen weitgehende Freiheiten.

Anders als bei der „Konformitätserklärung" war es nicht notwendig, die
Konformität mit der Richtlinie zu bescheinigen.

Teilmaschinen können aber schon über sehr wesentliche richtlinienkonforme
Ausrüstungen verfügen, z. B. teilweise Umhausungen oder steuerungstechni-
sche Einrichtungen wie Not- Halt oder Zustimmschalter. Deshalb wurden nun
unvollständige Maschinen ausdrücklich in den Anwendungsbereich der Maschinenrichtlinie aufgenommen mit weitgehenden Konsequenzen für den Hersteller.

Drei Merkmale, die alle unvollständigen Maschinen nach der Richtlinie
2006/42/EG erfüllen müssen:

- Sie ist eine Gesamtheit, die fast eine Maschine bildet,
- für sich betrachtet keine bestimmte Funktion hat,
- bestimmungsgemäß mit anderen unvollständigen Maschinen, Maschinen oder
  Ausrüstungen zu einer funktionsfähigen Maschine zusammengefügt werden
  soll.[36]

2.3 Stellungnahme

Auf Ausführungen, die sich auf die Entwicklung und Änderungen einzelner Gesetze
sowie Vorschriften beziehen, wird in dieser Arbeit nicht weiter eingegangen, da die
aktuelle Rechtsprechung für diese Arbeit von Bedeutung ist. Dies wird zum Beispiel

---

[35] Art. 2 (g) 2006/42/EG.
[36] Art. 2 2006/42/EG.

im Urteil Nr. 5261/210-310[37] des Bundesgerichtshofs vom 2. März 2010 deutlich, in dem er entschied, „dass Maschinen (hier eine automatisch schließende Tür) gegebenenfalls nachzurüsten sind, wenn die zugrundeliegende Norm für die Bau- und Ausrüstungsanforderungen sich ändert. Zwar wurde die Klage der verletzten Klägerin hier abgewiesen, dies aber nur, weil die Normenänderung erst kurze Zeit vor dem Unfall vorgenommen wurde."[38]

In den voran gegangenen Punkten dieses Kapitels wurden Bedeutung und Unterschiede zwischen den gesetzlichen Vorschriften aufgezeigt, um dem Leser ein Verständnis für die Zusammenhänge und den Rechtscharakter der Vorschriften zu verschaffen.

Die Begrifflichkeiten wurden beschrieben und definiert, damit ein einheitliches und rechtlich korrektes Verständnis der Begriffe vorausgesetzt werden kann. Die Begrifflichkeiten wurden in den letzten Jahren im Rahmen der Einführung des Produktsicherheitsgesetzes als Ablösung für das Geräte- und Produktsicherheitsgesetz oder der Überarbeitung der Maschinenrichtlinie auf die Fassung 2006/42/EG, ganz oder teilweise neu definiert. Die Gefahrenanalyse der alten Maschinenrichtlinie 98/37/EG wurde, zur Vereinheitlichung mit weiteren Richtlinien (z. B. ATEX-Richtlinie[39]), mit Einführung der neuen Maschinenrichtlinie 2006/42/EG durch den Begriff Risikobeurteilung abgelöst.

---

[37] Das Gericht vertritt in dem Urteil die Auffassung: „Eine Nachrüstungspflicht sei erst nach Ablauf eines angemessenen Zeitraums und unter Berücksichtigung wirtschaftlicher Gesichtspunkte zu bejahen. Hier sei im Zeitpunkt des Unfalls seit dem Erlass der neuen DIN-Norm noch nicht einmal ein Jahr vergangen gewesen. Eine Nachrüstungspflicht sei erst nach Ablauf eines angemessenen Zeitraums und unter Berücksichtigung wirtschaftlicher Gesichtspunkte zu bejahen."; Ostermann, H.-J.; 2011; Bestandsschutz von Maschinen und Anlagen; Niederkassel; S. 6.

[38] Ostermann, H.-J.; 2011; Bestandsschutz von Maschinen und Anlagen; Niederkassel; S. 6.

[39] Richtlinie 94/9/EG des Europäischen Parlaments und des Rates zur Angleichung der Rechtsvorschriften der Mitgliedstaaten für Geräte und Schutzsysteme zur bestimmungsgemäßen Verwendung in explosionsgefährdeten Bereichen Vom 23. März 1994 (ABl. EG Nr. L 100 S. 1) zuletzt geändert am 29. September 2003 (ABl. EU Nr. L 284 S. 5).

Anforderungen an die Betreiber 3

Betreiber von Alt- und Gebrauchtmaschinen können, abhängig vom jeweiligen Vorhaben, in verschiedene Rechtsgebiete gelangen, zum Beispiel in die Position des Händlers. Dabei müssen die unterschiedlichen Gegebenheiten berücksichtigt werden, zum Beispiel ob die Maschine eine CE-Kennzeichnung hat oder nicht. Abhängig von der Position, die der Betreiber eingenommen hat, kommen entsprechend andere Gesetze zum Tragen. In der Abb. 3.1 wird der Aufbau der Rechtsanforderungen für Betreiber und Hersteller zur Verdeutlichung graphisch aufgezeigt. Dort ist ebenfalls ein Auszug der in deutsches Recht umgesetzten Gesetze und Richtlinien aufgeführt.

3.1 Handel

In dem Beispiel der Firma Y ist beschlossen worden eine Gebrauchtmaschine zu kaufen. Die damit beauftragten Personen müssen alle technischen und gesetzlichen Anforderungen kennen und verstehen, damit die Maschine im Anschluss ohne weiteres betrieben werden darf. Entscheidend sind Kriterien wie zum Beispiel:

- Wo wurde die Maschine gekauft? Ist die Maschine in Deutschland, dem Europäischen Wirtschaftsraum oder einem Nicht-EWR-Land erworben worden?
- Hat die Maschine ein CE-Kennzeichen oder nicht?
- Wann war der Zeitpunkt des erstmaligen Inverkehrbringens?

Diese Faktoren sind wesentliche Informationen für das weitere Vorgehen. In den folgenden Ausführungen wird erklärt, warum es entscheidend ist.

D. Schmidt, *Rechtliche Grundlagen für den Maschinen- und Anlagenbetrieb*, essentials, DOI 10.1007/978-3-658-05612-4_3, © Springer Fachmedien Wiesbaden 2014

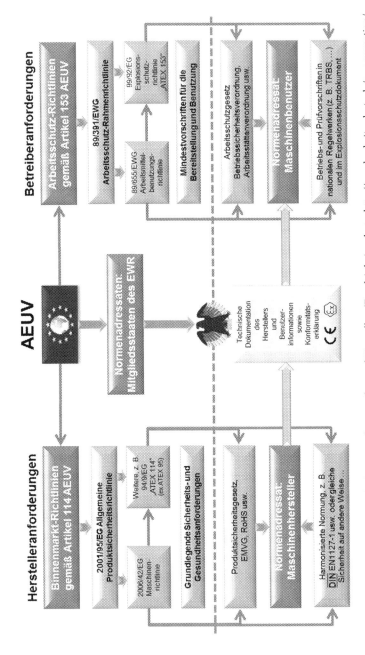

Abb. 3.1 Aufbau der Rechtsanforderungen für Betreiber und Hersteller. (Excel Arbeitsschutz; http://excel-arbeitsschutz.de/ex-prevention/images/EU-Rechtssystem_OHAS.png 29.01.2013 08.59 Uhr.)

Der Handel wird hier ausschließlich mit dem Blick auf die Maschine und deren Beschaffenheit ausgerichtet. Es wird nicht auf das Vertragsrecht oder das Handelsrecht eingegangen. Die Vorschriften nach der Maschinenrichtlinie und dem Produktsicherheitsgesetz, sowie der 9. Produktsicherheitsverordnung sind Aspekte, die hier berücksichtigt werden, um die Anforderungen die eine Maschine in Deutschland erfüllen muss, damit sie auf dem Markt bereitgestellt werden darf, zu verdeutlichen.

Des Weiteren wird aufgezeigt, dass unter gewissen Umständen Händler und Einführer zum Hersteller (auch als Quasi-Hersteller bezeichnet) werden, wie im Beschluss 768/2008/EG festgelegt.[1] Ist das der Fall, müssen die Wirtschaftsakteure die EU-Konformitätserklärung ausstellen und sind somit für die Produktkonformität verantwortlich.[2]

Varianten des Maschinenhandels Beim Handel mit Maschinen ist von zwei unterschiedlichen Ausgangssituationen auszugehen:

- Handel einer neuen Maschine
- Handel einer gebrauchten Maschine

Eine Gebrauchtmaschine im hier angesprochenen Sinne ist eine Maschine, die nach der ersten Inbetriebnahme einmal oder mehrfach ihren Besitzer wechselt und dann erneut in Betrieb genommen wird. Es kann sich dabei um eine Altmaschine ohne CE-Kennzeichnung, eine Maschine mit CE-Kennzeichnung aus Deutschland, eines anderen Landes des Europäischen Wirtschaftsraums oder aus einem Drittland handeln. Eine Binnenmarkt-Richtlinie, die im Europäischen Wirtschaftsraum den freien Verkehr mit gebrauchten Maschinen regelt, gibt es nicht. Die EG-Maschinenrichtlinie gilt für gebrauchte Maschinen nur dann, wenn diese wesentlich verändert oder aus einem Drittland in den Europäischen Wirtschaftsraum eingeführt werden. Die Mitgliedsländer dürfen deswegen für den Handel mit Gebrauchtmaschinen nationale Bestimmungen erlassen.

In Deutschland sind die Vorschriften im gewerblichen Bereich zu unterscheiden zwischen Inverkehrbringen und Benutzen gebrauchter Maschinen.

Dabei wird unter Inverkehrbringen das Überlassen einer Maschine an andere verstanden. Die Vorschrift für das Inverkehrbringen richtet sich zum Beispiel an

---

[1] Art. 2 768/2008/EG.

[2] Loerzer, M.; Buck, P.; Schwabedissen, A.; (2013); Rechtskonformes Inverkehrbringen von Produkten; S. 96.

Verkäufer, Händler und Verleiher. Die Vorschriften für das Benutzen wenden sich an Betreiber von Gebrauchtmaschinen.

Bestimmungen, nach denen in Deutschland eine Gebrauchtmaschine betrieben werden darf, können ein höheres Sicherheitsniveau verlangen als die Bestimmungen, nach denen eine Gebrauchtmaschine in den Verkehr gebracht wurde und somit anderen überlassen werden darf. Vor der Inbetriebnahme kann deshalb eine Nachrüstung durch den Betreiber erforderlich sein.

Maschinen müssen so beschaffen sein, dass sie bei bestimmungsgemäßer Verwendung oder vorhersehbarer Fehlanwendung die Sicherheit und Gesundheit von Verwendern oder Dritten nicht gefährden;[3] das heißt sie müssen sicher sein.

Maschine mit CE-Kennzeichen Eine Maschine die ein CE-Kennzeichen hat, darf ohne weiteres in Deutschland in Betrieb genommen werden, sofern sie nicht wesentlich verändert wurde. Das müssen Händler und Betreiber grundsätzlich überprüfen. Sollten sie nicht dazu in der Lage sein, können sie das zum Beispiel durch zertifizierte Stellen vornehmen lassen.

Das folgende Beispiel zeigt, dass eine Gebrauchtmaschine unter Umständen ohne Nachrüstung nicht in Betrieb genommen werden darf.

Einfuhr einer Maschine aus einem Nicht-EWR-Land Alle Maschinen (neu oder alt), die aus einem Nicht-Europäischen Wirtschaftsraum-Land in den Europäischen Wirtschaftsraum eingeführt werden, sind nach § 2 Abs. 15 Produktsicherheitsgesetz, wie neue Maschinen zu behandeln. Sowohl für das Inverkehrbringen als auch für die Inbetriebnahme im Europäischen Wirtschaftsraum müssen die Anforderungen relevanter Binnenmarkt-Richtlinien erfüllt werden, die CE-Kenn-zeichnung ist erforderlich, wie in § 4 Abs. 1 Produktsicherheitsgesetz beschrieben wird. Welche Anforderungen eine Maschine erfüllen muss, weil sie aus den vorher ausgeführten Gründen zu einer neuen Maschine wird, um das CE-Kennzeichen erhalten zu können, beschreibt das Kapitel Hersteller. Kommt der Betreiber/Einführer in diese Situation, wird er automatisch zum Hersteller und hat dafür zu sorgen, dass die Maschine entsprechend der Anforderungen der Maschinenrichtlinie und Stand der Technik umgebaut und die nötige Dokumentation erstellt wird.

Handel einer Maschine ohne CE-Kennzeichen innerhalb Deutschlands Eine Maschine die vor dem 1.1.1995 in Deutschland erstmalig in Verkehr gebracht wurde und nicht über ein CE-Kennzeichen verfügt, soll zum heutigen Zeitpunkt den

---

[3] § 3 Abs. 1 9. Produktsicherheitsverordnung.

Besitzer wechseln. Dabei ist zu ermitteln, welchen Stand die Maschine in Punkto Sicherheitsanforderungen erfüllt. Der zukünftige Betreiber muss sich darüber im Klaren sein, dass es sich um ein erstmaliges Bereitstellen der Maschine in seinem Unternehmen handelt und die Maschine somit die Mindestanforderungen nach Anhang I der Betriebssicherheitsverordnung zu erfüllen hat. Der Verkäufer hat gegebenenfalls entsprechende Maßnahmen zur Erfüllung der Mindestanforderungen des Sicherheitsschutzes und Gesundheitsschutz zu veranlassen.

Stellungnahme Zusammenfassend hat Firma Y sich darüber im Klaren zu sein, dass bevor in Deutschland eine Maschine den Beschäftigten zur Verfügung gestellt werden darf, der Betreiber immer dazu verpflichtet ist, die Maschine oder Anlage auf Einhaltung der gesetzlichen Mindestanforderungen an Sicherheitsschutz und Gesundheitsschutz zu prüfen.

Wenn die Anforderungen nicht erfüllt werden so darf er sie nicht in Betrieb nehmen. In der Regel ist der Händler oder Einführer nach dem Produktsicherheitsgesetz, dazu verpflichtet dieses zu gewährleisten. Die Möglichkeit der Veräußerung einer Maschine besteht, wenn vertraglich festgehalten wird, dass die Maschine nicht in dem derzeitigen Zustand betrieben werden darf. Tritt dieser Fall ein, muss der Betreiber explizit darauf hingewiesen werden. Dann liegt die Aufgabe der Erfüllung nicht mehr beim Händler, sondern beim zukünftigen Betreiber.

Der Betreiber seinerseits muss überlegen, ob er dieses Wagnis eingehen will, da die erforderlichen Änderungen an der Maschine eventuell zu einer wesentlichen Veränderung der Maschine führen und sie nach dem Produktsicherheitsgesetz zu einer neuen Maschine wird und der Betreiber somit zum Hersteller. Sobald er zum Hersteller wird, muss die gesamte Dokumentation und selbstverständlich die Maschine den Anforderungen der Maschinenrichtlinie 2006/42/EG entsprechen. Gerade bei älteren Maschinen ist es nur sehr schwer möglich, ohne einen größeren Aufwand, die benötigten Daten der verbauten Bauteile aufgrund von fehlender Dokumentation, zu erhalten. Ebenso ist es fragwürdig ob einige Bauteile überhaupt dem heutigen Sicherheitsstandard entsprechen und gegebenenfalls durch neue Bauteile ersetzt werden müssen. Der damit verbundene Aufwand und die daraus resultierenden Kosten können den Preis der erworbenen Maschine um ein Vielfaches übersteigen. Bevor ein solcher Schritt gegangen wird, muss sich jeder der Wirtschaftsakteure über die nicht nur finanziellen Konsequenzen im Klaren sein.

Hat sich der Betreiber oder Händler dazu entschieden diesen Schritt zu gehen und aus der Gebrauchtmaschine eine neue Maschine zu machen, dann hat er einiges zu berücksichtigen. Was das ist, wird im Kapitel Herstellen in einer groben Struktur ausgeführt.

3.2 Betreiben einer Maschine

Firma Y hat eine Maschine gefunden, die für ihre Produktion geeignet ist und sich zum Kauf entschlossen. Die Maschine entspricht den Anforderungen zum Einsatz im Unternehmen. Bevor die Maschine in Betrieb genommen werden darf, sind noch einige Dinge zu überprüfen und auszuarbeiten.

Maschine ohne wesentliche Veränderung seit des Inverkehrbringens Grundsätzlich dürfen Betreiber die vorhandenen Maschinen und Anlagen, die zum Zeitpunkt ihrer erstmaligen Inbetriebnahme rechtskonform gebaut wurden, auch in Zukunft betreiben, sofern sie sich vor dem 03. Oktober 2002 in ihrem Besitz befanden, sie ihrem Mitarbeitern zur Verfügung standen und nicht wesentlich verändert wurden. Auf die wesentliche Veränderung wird in Kapitel 3.5.1 eingegangen. Die Anforderungen, die zu dem Zeitpunkt der erstmaligen Inbetriebnahme gegolten haben, sind für das Betreiben ausschlaggebend. Auf den Betreiber kommen verschiedene Sicherheitsniveaus zu.

Maschinen mit CE (ab dem 01.01.1995) kann der Betreiber ohne weiteres betreiben, da bei ihnen die Vermutung der Konformität zur Maschinenrichtlinie und somit die Einhaltung der europäischen Anforderung an Arbeitssicherheit und Gesundheitsschutz vorausgesetzt wird. Die in deutsches Recht umgesetzten Mindestanforderungen für Arbeitsmittel, durch die Betriebssicherheitsverordnung und dem Produktsicherheitsgesetz, werden erfüllt.

Bei Maschinen ohne CE (vor dem 01.01.1995) muss deshalb vom Betreiber überprüft werden, ob sie den nationalen Vorschriften, die zum Zeitpunkt des Inverkehrbringens galten, entsprechen.

Die am 3. Oktober 2002 in Kraft getretene Betriebssicherheitsverordnung gilt für alle im Betrieb befindlichen Arbeitsmittel und somit auch für Maschinen. Bei der Betriebssicherheitsverordnung sind im Gegensatz zur Maschinenrichtlinie die sicherheitstechnischen Anforderungen im Allgemeinen nicht an ein Herstellungs- oder Inverkehrbringungsdatum gekoppelt, sondern an das Datum des Inkrafttretens der Betriebssicherheitsverordnung. Das hat für den Betreiber zur Folge, dass eine Alt- oder Gebrauchtmaschine, die er nach dem 03. Oktober 2002 erworben und in Betrieb genommen hat, den Mindestanforderungen für Arbeitsmittel gemäß § 7 und Anhang 1 der Betriebssicherheitsverordnung (BetrSichV) entsprechen muss.

Unabhängig vom Datum der Inbetriebnahme hat der Betreiber einer Maschine die Durchsetzung weiterer gemeinsamer Vorschriften für Arbeitsmittel aus der Betriebssicherheitsverordnung sicher zu stellen:

- Das Erstellen und Pflegen einer Gefährdungsbeurteilung. In § 3 ist festgelegt, dass der Arbeitgeber eine Gefährdungsbeurteilung über die Arbeitsmittel, unter Berücksichtigung der §§ 4, 5 Arbeitsschutzgesetz[4] und gegebenenfalls der Anhänge 1 bis 5 des § 6 Gefahrstoffverordnung, erstellen muss.[5] Die Gefährdungen für die Beschäftigten, die sich durch die Gestaltung und die Einrichtung des Arbeitsplatzes ergeben, sowie die physikalischen, chemischen und biologischen Einwirkungen werden in der Gefährdungsbeurteilung erfasst. Eine unzureichende Qualifikation und Unterweisung der Beschäftigten ist ebenfalls zu berücksichtigen. Hat der Arbeitgeber die entsprechenden Gefährdungen ermittelt und dokumentiert, muss er festlegen, welche Maßnahmen des Arbeitsschutzes erforderlich sind und den Beschäftigten zur Verfügung gestellt werden müssen, um die Gefährdung der Beschäftigten zu mindern.[6] Der Arbeitgeber ist nach § 3 Arbeitsschutzgesetz dazu verpflichtet eine Verbesserung von Sicherheit und Gesundheitsschutz der Beschäftigten anzustreben, getroffenen Maßnahmen auf ihre Wirksamkeit zu überprüfen und erforderlichenfalls sich ändernden Gegebenheiten anzupassen.[7]

Die Dokumentation der Gefährdungsbeurteilung ist bei Änderungen, um die gegebenenfalls dazu gekommenen Gefährdung zu ergänzen beziehungsweise anzupassen.

Die Gefährdungsbeurteilung lässt sich, wie von der Initiative Neue Qualität der Arbeit (INQA)[8], die eine Projektgruppe der Bundesanstalt für Arbeitsschutz und Arbeitsmedizin ist, in 5 Kategorien gliedern wie in Tab. 3.1 dargestellt. Zum Beispiel ist nicht nur das Quetschen von Gliedmaßen durch bewegliche Teile der Maschine zu betrachten, sondern die Ausbildung der Beschäftigten, die an dieser Maschine arbeiten, und die Arbeitsorganisation, wie zum Beispiel Gefährdungen durch Schichtarbeit, sind zu berücksichtigen. Tabelle 3.1 zeigt, dass das gesamte Umfeld des Arbeitsplatzes in der Gefährdungsbeurteilung aufgeführt werden muss, zum Beispiel auch die psychischen Belastungen, die durch die Tätigkeit an und/oder mit dem Arbeitsmittel auftreten kann.

---

[4] Sicherheit und des Gesundheitsschutzes der Beschäftigten bei der Arbeit (Arbeitsschutzgesetz – ArbSchG); Arbeitsschutzgesetz vom 7. August 1996 (BGBl. I S. 1246), das zuletzt durch Artikel 15 Absatz 89 des Gesetzes vom 5. Februar 2009 (BGBl. I S. 160) geändert worden ist.

[5] § 3 Betriebssicherheitsverordnung.

[6] § 5 Arbeitsschutzgesetz.

[7] § 3 Arbeitsschutzgesetz.

[8] Die Initiative Neue Qualität der Arbeit (INQA) ist im Jahr 2002 als gemeinsame Initiative von Bund, Ländern, Sozialversicherungsträgern, Sozialpartnern und Stiftungen gestartet. Das Ziel: bessere Arbeitsqualität als Voraussetzung für nachhaltige Wettbewerbsfähigkeit und Innovationskraft am Wirtschaftsstandort Deutschland.

Tab. 3.1 Aufteilung der Gefährdungen in Kategorien und ihre inhaltlichen Bedeutungen. (Holm, M., Geray, M.; (2012); Integration der psychischen Belastungen in die Gefährdungsbeurteilung, BAuA; S. 42.)

	Arbeitstätigkeit	Arbeitsumgebung	Arbeitsorganisation	Spezifische Belastungen
Unfallgefahr	Abwechslungsreichtum	Umgebung	Organisationsform	Ausbildung
Mechanische Gefährdung	Ganzheitlichkeit	Beleuchtung	Ablauforganisation	Körperliche Kräfte
Elektrische Gefährdung	Handlungsspielraum	Lärm	Arbeitszeitregelung	Aufmerksamkeit Monotonie
Biologische Gefährdung	Verantwortung	Klima	Schichtsystem	Leistungserfordernisse
Brand- und Explosionsgefahr	Rückmeldungen	Gefahrstoffe	Pausenregelung	Zeitbindung/Zeitdruck
Thermische Gefährdung	Kommunikation/Information	Geruchsbelastung	Überstunden	Arbeitsunterbrechungen
Physikalische Einwirkungen	Verwendete Hilfsmittel	Arbeitstisch	Aufstiegsmöglichkeiten	Über- und Unterforderung
Sonstige Belastungen		Arbeitsstuhl	Entlohnung	Soziale Konflikte
		Geräte, Tafeln, Borde	Führung	Zwangshaltungen
		Monitor	Kommunikation	Arbeitsplatzunsicherheit
		Tastatur		
		Ergonomie der Software		
		Sozialräume		

- In § 4 der Betriebssicherheitsverordnung wird ausgeführt, was für Anforderungen an die Bereitstellung und Benutzung der Arbeitsmittel gestellt werden. Demnach hat der Arbeitgeber nur Arbeitsmittel bereitzustellen, die für die am Arbeitsplatz gegebenen Bedingungen geeignet sind und bei deren bestimmungsgemäßer Benutzung Sicherheit und Gesundheitsschutz gewährleistet weren. Sie müssen für die vorgesehene Verwendung geeignet sein und die ergonomischen Zusammenhänge zwischen Arbeitsplatz, Arbeitsmittel, Arbeitsorganisation, Arbeitsablauf und Arbeitsaufgabe erfüllen, dies gilt insbesondere für die Körperhaltung, die Beschäftigte bei der Benutzung der Arbeitsmittel einnehmen müssen.[9]

- § 7 Betriebssicherheitsverordnung sagt aus, dass Arbeitsmittel während der gesamten Benutzungsdauer in ihrer Beschaffenheit den Anforderungen von Arbeitsmitteln den Rechtsvorschriften entsprechen müssen und der Arbeitgeber die erforderlichen Maßnahmen zur Einhaltung zu treffen hat.[10]

- Es sind Vorkehrungen vom Arbeitgeber zu treffen, damit die Beschäftigten angemessene Informationen, insbesondere zu den sie betreffenden Gefahren, die sich aus den in ihrer unmittelbaren Arbeitsumgebung vorhandenen Arbeitsmitteln bekommen. Das gilt auch dann, wenn sie diese Arbeitsmittel nicht selbst benutzen, soweit erforderlich, Betriebsanweisungen für die bei der Arbeit benutzten Arbeitsmittel in für sie verständlicher Form und Sprache zur Verfügung gestellt werden.[11]

- Somit stellt der Arbeitgeber die Unterrichtung nach § 81 des Betriebsverfassungsgesetzes[12] und § 14 des Arbeitsschutzgesetzes sicher. Gibt es mit der Benutzung der Arbeitsmittel verbundene Gefahren, so benötigen die Beschäftigten eine Unterweisung nach § 12 Arbeitsschutzgesetz. Beschäftigte, die mit der Durchführung von Instandsetzungs-, Wartungs- und Umbauarbeiten beauftragt sind, haben spezielle Unterweisungen zu erhalten.[13] Der Arbeitgeber hat dieses nachweisbar zu dokumentieren.

- In den §§ 10 11 Betriebssicherheitsverordnung ist die Prüfung der Arbeitsmittel durch befähigte Personen und die Aufzeichnung der Prüfungsergebnisse, die durch den Arbeitgeber sicherzustellen ist, festgehalten. Des Weiteren wird der

---

[9] § 4 Betriebssicherheitsverordnung.

[10] § 7 Betriebssicherheitsverordnung.

[11] § 9 (1) Betriebssicherheitsverordnung.

[12] Betriebsverfassungsgesetz (BetrVG); Betriebsverfassungsgesetz in der Fassung der Bekanntmachung vom 25. September 2001 (BGBl. I S. 2518), das zuletzt durch Artikel 3 Absatz 4 des Gesetzes vom 20. April 2013 (BGBl. I S. 868) geändert worden ist.

[13] § 9 (2) Betriebssicherheitsverordnung.

festgelegt, dass der Nachweis am Betriebsort zwecks eventueller Prüfung durch die zuständige Behörde zur Verfügung zu stehen hat. Findet die Verwendung des Arbeitsmittels außerhalb des Unternehmens statt, muss ein Nachweis über die Durchführung der letzten Prüfung beigefügt werden.[14]

- Der Anhang 1 Betriebssicherheitsverordnung regelt die Mindestvorschriften für Arbeitsmittel gemäß § 7 Abs. 1 Nr. 2 Betriebssicherheitsverordnung.
- dargestellt und die praktische Umsetzung erläutert. Hier werden zum Beispiel die Anforderungen an Befehlseinrichtungen, Schutzeinrichtungen und Beleuchtung im Allgemeinen definiert. Um das Ganze zu veranschaulichen, werden die Sicherheitsbestimmungen für automatisierte maschinelle Fertigungssysteme aufgezeigt, die der Betreiber sicherstellen muss.

In der Praxis hat der Betreiber von kraftbetriebenen Arbeitsmitteln sicherzustellen, dass der Aufenthalt einer Person innerhalb einer Maschine/Anlage im Automatikbetrieb grundsätzlich nicht erlaubt ist. Wenn besondere produktionstechnische Gründe einen Aufenthalt erfordern und nachweislich keine andere Lösung möglich ist, sind für den Einzelfall die Betriebsbedingungen durch den Betreiber festzulegen. Das ist zum Beispiel mit folgenden Punkten zu gewährleisten[15]:

- Zugang nur durch qualifiziertes Personal
- Besondere Betriebsanweisung[16], Unterweisung
- Anwahl dieser Betriebsart mittels Schlüsselschalter
- Warnsignale (optisch/akustisch)
- Sperrung aller Bewegungen, die nicht unbedingt benötigt werden (Teilautomatikbetrieb)
- Zeitliche Begrenzung der Betriebsart (Zeitglied)
- Aufenthalt in aktiven Schutzzonen
- Verwendung innerer Sekundärschutzeinrichtungen, z. B. Lichtschranken, Laserscanner
- Mitführbare Schalteinrichtungen mit NOT-AUS, Zustimmschalter, Tippschalter (örtliche Schaltkontrolle)
- Reduzierte Geschwindigkeiten
- Betätigung von An- und Abmeldeschaltern (Quittier Schalter)
- Realisierung einer Fluchtmöglichkeit[17]

---

[14] §§ 10,11 Betriebssicherheitsverordnung.

[15] Reudenbach, R.; 2009; Sichere Maschinen in Europa – Teil 2– Herstellung und Benutzung richtlinienkonformer Maschinen; 4. Auflage; Bochum; S. 99.

[16] Beispiel einer Betriebsanweisung im Anhang J1.

[17] Beispiel eines Flucht- und Rettungsplan im Anhang K1.

Wie hier aufgeführt, müssen die Schutzmaßnahmen für jedes Arbeitsmittel individuell ermittelt und realisiert werden, um die Mindestanforderungen für Arbeitsmittel zu erfüllen.

Die voran gegangenen Ausführungen richten sich nicht nur an Betreiber, die ihre Maschinen selbst betreiben, sondern sie gelten ebenfalls für Verleiher, da sie rechtlich gesehen, nach dem Produktsicherheitsgesetz und der Produktsicherheitsverordnung, die Betreiber der Maschinen sind. Wenn der Betreiber zu dem Entschluss kommt, die gebrauchte Maschine kaufen und/oder verkaufen zu wollen, kann er in die Position des Händlers oder Importeur gelangen.

Stellungnahme Für den Verkauf von Gebrauchtmaschinen sind die Vorschriften maßgeblich, die zum Zeitpunkt des erstmaligen Inverkehrbringens in Deutschland gültig waren. Diese können sich von den heute gültigen Vorschriften für das Benutzen unterscheiden.

Der Betreiber muss sicherstellen, dass nur Maschinen ausgewählt und zur Benutzung bereitgestellt werden, die für die am Arbeitsplatz gegebenen Bedingungen geeignet sind und bei deren bestimmungsgemäßer Benutzung Sicherheit und Gesundheitsschutz gewährleistet sind.[18]

Die Beschäftigten müssen bei allen Fragen, die Sicherheit und Gesundheit an ihrem Arbeitsplatz betreffen, beteiligt werden. Auch der Betriebs- bzw. Personalrat hat das Recht und die Pflicht zur Mitwirkung bei der Arbeitsgestaltung. Das beinhaltet, dass die Beschäftigten und der Betriebs- bzw. Personalrat über geplante Beschaffungen und Arbeitsgestaltungsmaßnahmen informiert und zu Vorschlägen zur sicheren und gesundheitsgerechten Gestaltung angehört werden sowie bei der Gestaltung mitwirken können.[19]

Bei der Auswahl und Bereitstellung muss der Betreiber prüfen, ob die Maschine den Rechtsvorschriften entspricht.[20] Dabei kann er sich auf die Konformitätserklärung des Herstellers und die CE-Kennzeichnung an der Maschine stützen, wenn keine offensichtlichen Mängel oder Widersprüche erkennbar sind.[21]

---

[18] § 4 (1) und (3) Betriebssicherheitsverordnung.

[19] § 3 (2) 14-17 Arbeitsschutzgesetz; §§ 81, 82, 89–91 Betriebsverfassungsgesetz.

[20] Für Maschinen des harmonisierten Bereichs sind dies vor allem die Anforderungen der zutreffenden Verordnungen zum Produktsicherheitsgesetz. Maschinen, die aufgrund ihres Alters oder ihrer Zugehörigkeit zum nicht harmonisierten Bereich des Produktsicherheitsgesetzes kein CE-Zeichen tragen, müssen mindestens den Anforderungen des Anhangs 1 der Betriebssicherheitsverordnung entsprechen.

[21] § 7 Betriebssicherheitsverordnung.

Verknüpfen aller Aspekte der Arbeit Der Betreiber muss die Arbeit unter Berücksichtigung der Verknüpfung von Technik, Arbeitsorganisation, sonstigen Arbeitsbedingungen und dem Einfluss der Umwelt gestalten.[22]

Der Arbeitgeber muss den Beschäftigten geeignete Anweisungen, zum Beispiel in Form von Betriebsanweisungen erteilen, wie die Arbeiten sicher und gesundheitsgerecht durchzuführen sind.[23]

Information und Unterweisung der Beschäftigten Die Beschäftigten müssen über die Handhabung der Maschine, mögliche Gefahren für Sicherheit und Gesundheitsschutz und zu ergreifende Schutzmaßnahmen angemessen, dialogorientiert und praxisbezogen unterwiesen werden. Dies hat vor allem bei der Einführung neuer Maschinen, vor Aufnahme der Tätigkeit und regelmäßig stattzufinden.[24]

Beschränkungen bei besonderen Gefährdungen Tätigkeiten an Maschinen, mit denen besondere Gefährdungen verbunden sind (z. B. Instandhaltungs- oder Umbauarbeiten), dürfen nur von besonders beauftragten und qualifizierten Beschäftigten ausgeführt werden.[25]

Einhaltung der Anforderungen über die gesamte Lebensdauer der Maschine Der Betreiber muss durch geeignete Maßnahmen (z. B. Wartung, Instandsetzung) sicherstellen, dass die Maschine über ihre gesamte Lebensdauer sicher und gesundheitsgerecht benutzt werden kann und den rechtlichen Anforderungen entspricht. Hierzu hat er im Rahmen der Gefährdungsbeurteilung Art, Umfang und Fristen erforderlicher Prüfungen sowie die Qualifikationsanforderungen der Prüfer festzulegen.[26]

3.3   Umbau einer Maschine

Nach einer gewissen Zeit der Nutzung der Maschine kommt der Betreiber, die Firma Y zu der Erkenntnis, dass an der Maschine einige Änderungen zur Optimierung durchgeführt werden sollten. Jetzt muss der Betreiber ermitteln, welches Ausmaß

---

[22] § 4 Arbeitsschutzgesetz; § 4 (4) Betriebssicherheitsverordnung.

[23] § 4 (7) Arbeitsschutzgesetz; § 9 Betriebssicherheitsverordnung.

[24] § 12, 14 Arbeitsschutzgesetz; § 81 Betriebsverfassungsgesetz; § 9 Betriebssicherheitsverordnung.

[25] § 9 Arbeitsschutzgesetz; § 8 Betriebssicherheitsverordnung.

[26] §§ 10, 3 (3) Betriebssicherheitsverordnung.

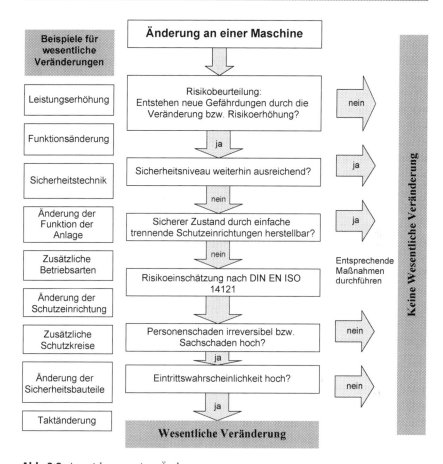

Abb. 3.2 Auswirkungen einer Änderung

die Veränderungen an der Maschine annehmen werden, damit er rechtskonform handelt. Es gibt zwei Wege, wie bei Veränderungen an Maschinen vorgegangen werden muss, abhängig davon, ob es eine wesentliche oder unwesentliche Veränderung handelt, wie in Abb. 3.2[27] zu erkennen ist.

---

[27] Eigene Darstellung in Anlehnung an die Richtlinie DIN EN ISO 12100:2011 Sicherheit von Maschinen – Allgemeine Gestaltungsleitsätze – Risikobeurteilung und Risikominderung; Anhang B.

Die Maschinenrichtlinie findet nur dann Anwendung auf Gebrauchtmaschinen,

- wenn die Gebrauchtmaschinen „wesentlich verändert"[28] wurden oder
- wenn sie aus einem Drittland importiert werden und somit innerhalb des EWR erstmals in Verkehr[29] gebracht werden sollen.

Ist durch die Veränderung an der Maschine mit einem irreversiblen Personenschaden oder mit einem hohen Sachschaden zu rechnen, liegt eine wesentliche Veränderung im Sinne des Produktsicherheitsgesetzes vor.

Die Konsequenz ist, dass die Maschine unter die Bestimmungen des Produktsicherheitsgesetzes fällt und wie eine neue Maschine zu behandeln ist. Demzufolge müssen alle Anforderungen der Maschinenrichtlinie 2006/42/EG erfüllt werden.

3.4 Gewerbliches Vermieten und Verleihen von Maschinen

Der Vollständigkeit halber wird das Verleihen von Maschinen kurz dargestellt und die grundlegenden Aspekte erläutert. Ein detailliertes Aufzeigen der gesetzlichen Bestimmungen ist aufgrund der diversen Maschinen- und Anlagenvarianten nicht Bestandteil dieser Arbeit.

Kommt ein Betreiber zu dem Entschluss eine Maschine nicht mehr selbst zu verwenden, sondern sie an andere Gewerbetreibende zu vermieten oder zu verleihen, so bewegt er sich in die Position des Verleihers. Bei dieser Art der Tätigkeit kommen weitere rechtliche Aspekte zum Tragen.

---

[28] Interpretationspapier des BMA und der Länder zum Thema „Wesetlichen Veränderung von Maschinen" Bek. Des BMA vom 7. September 2000 – IIIc 3-39607-3-; Hinweis der BAuA: Das Interpretationspapier bezieht sich noch auf das seinerzeit geltende Gerätesicherheitsgesetz (GSG). Es besitzt aber auch unter dem heute geltenden Produktsicherheitsgesetz (ProdSG) Gültigkeit. An Stelle der genannten Arbeitsmittelbenutzungsverordnung (AMBV) gilt heute die Betriebssicherheitsverordnung (BetrSichV), http://www.baua.de/de/Produktsicherheit/Produktgruppen/Maschinen/Wesentliche-Veraenderung.html; Insofern müsste der o.a. Grundsatz heute wie folgt gefasst werden: "Jede Änderung einer Maschine muss im Rahmen einer Risikobeurteilung untersucht werden. Zeigt das Ergebnis, dass neue/ zusätzliche Gefährdungen zu erwarten sind, die mit einem erheblichen Risiko verbunden sind, liegt eine wesentliche Veränderung vor. Dies gilt auch, wenn der Hersteller als Folge solcher Gefährdungen sicherheitstechnische Gegenmaßnahmen vorsieht.", Ostermann, H.-J.; 2010; Wesentliche Veränderung von Maschinen und Anlagen; Niederkassel; S. 4.

[29] § 2 Nr. 15 Produktsicherheitsgesetz; Art. 2 h 2006/42/EG.

Der Betreiber, der jetzt zum Verleiher wurde, ist verpflichtet, die Maschine, vor jeder erneuten Bereitstellung an den Kunden, auf die Erfüllung der Mindestanforderung nach Anhang 1 der Betriebssicherheitsverordnung zu überprüfen, da die Maschine unter Umständen nicht mehr den Anforderungen entsprechen könnte. Erfüllt die Maschine die Mindestanforderungen nicht mehr oder eine mit dem CE-Kennzeichen versehene Maschine entspricht nicht mehr den Anforderung der Maschinenrichtlinie, zu ihrem erstmaligen Inverkehrbringen, dann muss sie vor dem erneuten Einsatz erst wieder in den rechtskonformen Zustand versetzt werden. Des Weiteren hat der Verleiher immer eine Bedienungsanleitung mitzuliefern und gegebenenfalls das zukünftige Bedienpersonal entsprechend der Handhabung zu unterweisen, abhängig von Art und Umfang der Maschine.

3.5 Herstellen

Einer der nicht zu unterschätzenden Bereiche ist das Herstellen. Betreiber geraten häufiger in die Rolle des Herstellers, als ihnen bewusst ist. Die Beispiel genannte Firma Y hat sich genau in diese Situation gebracht. Während des Umbaus der Maschine sind nicht nur unwesentliche Veränderungen durchgeführt worden. Die Überprüfung ergab vielmehr, dass die durchgeführten Änderungen um nicht geplante Modifikationen ergänzt wurden und somit eine wesentliche Veränderung der Maschine zur Folge hatten.

Bevor auf die Anforderungen beim Herstellen eingegangen wird, sollen ein paar zusätzliche Beispiele zeigen, wann ein Betreiber noch in die Funktion des Herstellers geraten kann:

- Für den eigenen Gebrauch im Unternehmen wird eine Maschine zur Arbeitserleichterung zusammen gebaut, die zum Beispiel dafür sorgt, dass Teile leichter auf die benötigte Arbeitshöhe gebracht werden können und der Beschäftigte sie nicht selbst auf eine höhere Ebene heben muss. Die Vorrichtung wird mit Druckluft betrieben und hebt dann eine Metallplatte, auf der die Teile liegen, auf die gewünschte Höhe. Somit ist es laut der Definition der Richtlinie 2006/42/EG eine Maschine und muss alle Anforderungen der Richtlinie erfüllen.
- In einer Produktionshalle sollen mit Hilfe eines Krans der Maschinen und Anlagen eine andere Anordnung bekommen, um entsprechend kürzere Durchlaufzeiten in der Produktion zu generieren. Beim Umstellen zeigt sich, dass eine Anlage nicht mit herkömmlichen Lastaufnahmemitteln, wie zum Beispiel Ketten und Seilen, angehoben werden kann. Nach kurzen Überlegungen kommt

der Vorschlag, selbst eine spezielle Tragekonstruktion zusammen zu schweißen, mit der die Anlage dann mit dem Kran transportiert werden soll. In der Praxis ist dieses Vorgehen kein Einzelfall und trotzdem darf diese Gerätschaft nicht in Betrieb genommen werden, bevor sie nicht die Anforderungen des CE-Kennzeichens erfüllt, denn auch Lastaufnahmemittel fallen in die Richtlinie 2006/42/EG und sind entsprechend CE-Kennzeichnungspflichtig.

- Eine Anlage bekommt einen neuen Antriebsmotor, da der alte defekt ist. Ein leistungsstärkerer Motor wird eingebaut, um gleichzeitig das Arbeitstempo der Anlage zu erhöhen. Ansonsten wurde nichts an der Anlage verändert. Niemand hat im vornherein darüber nachgedacht, ob zukünftig eine größere Gefahr von der Maschine ausgehen könnte oder nicht. Bei diesem Beispiel kann es sich eventuell um eine wesentliche Änderung der Maschine handeln, somit würde sie dann als neue Maschine gelten und der CE-Kennzeichnungspflicht unterliegen.

Wie aus den genannten Punkten ersichtlich, ist der Schritt vom Betreiber zum Hersteller einer Maschine nicht so groß, wie weitläufig vermutet wird.

All diese Beispiele führen zu demselben Ergebnis, fallen deshalb unter die Maschinenrichtlinie und sind nach dem Produktsicherheitsgesetz als neue Maschinen anzusehen.

Als nächstes wird erläutert, was eine wesentliche Veränderung an einer Maschine ist, bevor auf die Anforderungen der Maschinenrichtlinie eingegangen wird.

Wesentliche Veränderung Der Blue Guide der Europäischen Union verweist unter Punkt 2.1 auf die Risikobeurteilung. „Produkte, an denen erhebliche Veränderungen vorgenommen wurden, können als neue Produkte angesehen werden. Sie müssen den Bestimmungen der anwendbaren Richtlinien entsprechen, wenn sie in der Gemeinschaft in den Verkehr gebracht und in Betrieb genommen werden."[30] Mit Hilfe eines entsprechenden Konformitätsbewertungsverfahrens der betreffenden Richtlinie ist dies zu überprüfen, „sofern das aufgrund der Risikobewertung für notwendig erachtet wird. Ergibt die Risikobewertung, dass die Art der Gefahr und das Risiko zugenommen haben, so sollte das modifizierte Produkt in der Regel als neues Produkt bezeichnet werden. Derjenige, der an dem Produkt bedeutende Veränderungen vornimmt, ist dafür verantwortlich zu überprüfen, ob es als neues

---

[30] Europäische Gemeinschaft; 2000; Leitfaden für die Umsetzung der nach dem neuen Konzept und dem Gesamtkonzept verfassten Richtlinien; S. 15.

Produkt zu betrachten ist."[31] Das Bewertungsergebnis der Risiken ist der Auswertung der durchgeführten Risikobeurteilung zu entnehmen. Die Risikobeurteilung ist die Basis für die Konstruktion und Dokumentation. In ihr werden alle möglichen Risiken erfasst, die den Sicherheitsschutz und Gesundheitsschutz betreffen. Die Vorgehensweise wie sie durchzuführen und was zu berücksichtigen ist, wird in der DIN EN ISO 12100 beschrieben.

Nach dem Produktsicherheitsgesetz ist jede Veränderung an einer gebrauchten Maschine, die den Schutz der Rechtsgüter beeinträchtigen kann, zum Beispiel durch Leistungserhöhungen, Funktionsänderungen oder Änderungen der Sicherheitstechnik, deshalb zunächst systematisch auf neue oder höhere Risiken die von ihr ausgehen können, zu untersuchen, analog zur DIN EN ISO 12100. Ziel der Untersuchung ist es zu ermitteln, ob sich durch die Veränderung neue Risiken ergeben haben oder sich ein bereits vorhandenes Risiko erhöht hat.

Hier kann man zunächst von drei Fallvarianten ausgehen:

1. Es liegt keine neue Gefährdung bzw. keine Risikoerhöhung vor, so dass die Maschine nach wie vor als sicher angesehen werden kann.
2. Es liegt zwar eine neue Gefährdung bzw. eine Risikoerhöhung vor, die vorhandenen sicherheitstechnischen Maßnahmen sind aber hierfür ausreichend, so dass die Maschine nach wie vor als sicher angesehen werden kann.
3. Es liegt eine neue Gefährdung bzw. eine Risikoerhöhung vor und die vorhandenen sicherheitstechnischen Maßnahmen sind hierfür nicht ausreichend.

EU-Harmonisierungsvorschriften Das Inverkehrbringen von Produkten wird in der Hauptsache durch folgende EU-Vorschrift geregelt und in dem hier ausgeführten Themengebiet ist die EU-Harmonisierungsvorschrift die Maschinenrichtlinie 2006/42/EG.

Produkte, die in den Anwendungsbereich der EU-Harmonisierungsvorschriften fallen, müssen die dort festgelegten grundlegenden Anforderungen erfüllen. Das bedeutet, dass die Maschinenrichtlinie vorgibt, was erfüllt sein muss, bevor die Maschine in Verkehr gebracht werden kann.

Vor dem Inverkehrbringen muss in der Regel

- eine Konformitätsbewertung durchgeführt worden sein,
- technische Unterlagen für den Nachweis der Konformität erstellt sein,
- eine EG-Konformitätserklärung ausgestellt und

---

[31] Europäische Gemeinschaft; 2000; Leitfaden für die Umsetzung der nach dem neuen Konzept und dem Gesamtkonzept verfassten Richtlinien; S. 16.

- die CE-Kennzeichnung angebracht sein
  (siehe auch nachfolgendes Schaubild Produktsicherheit).[32]

Die EG-Konformitätserklärung besagt, nach Artikel R10 des EG-Produktrahmen-Beschlusses 768/2008/EG, dass die gesetzlichen Anforderungen nachweislich erfüllt werden müssen und der Hersteller mit der Ausstellung der EG-Konformitätserklärung die Verantwortung für die Konformität des Produktes übernimmt.[33]

Detailliert bedeutet das, dass folgende grundsätzlichen Anforderungen aus der Maschinenrichtlinie 2006/42/EG vor dem Inverkehrbringen erfüllt werden müssen:[34]

1. Maschine muss unter Berücksichtigung der Risikobeurteilung entworfen und gebaut werden.
2. Soweit zutreffend, müssen die grundlegenden Sicherheits- und Gesundheitsschutzanforderungen der Maschinenrichtlinie eingehalten werden.
3. Neben der Maschinenrichtlinie sind die Anforderungen aller mitgeltenden Richtlinien zu erfüllen.
4. Erstellung der technischen Unterlagen (Bereithalten für eine Dauer von mindestens 10 Jahren)
5. Erstellung einer Betriebsanleitung (als Bestandteil der technischen Unterlagen) für jede Maschine, damit sie ordnungsgemäß verwendet, instandgesetzt und eingestellt werden kann.
6. Durchführung des Konformitätsbewertungsverfahrens,
7. Konformitätserklärung: für Maschinen
8. Einbauerklärung, Montageanleitung: für unvollständige Maschinen
9. Anbringen der CE-Kennzeichnung an Maschinen

Demzufolge bildet Risikobeurteilung die Basis. Aufgrund dessen ist eine ausführlichere Darstellung sinnvoll (Abb. 3.3).

Risikobeurteilung von Maschinen Der Wichtigkeit entsprechend beginnt der Anhang I Grundlegende Sicherheits- und Gesundheitsschutzanforderungen für

---

[32] Bayrisches Staatsministerium für Wirtschaft, Infrastruktur, Verkehr und Technologie; 2011; Merkblatt, Pflichten der Wirtschaftsakteure; S. 2 f.

[33] Wilrich, T.; (2012) Das neue Produktsicherheitsgesetz; S. 106 f.

[34] Anhang I 2006/42/EG.

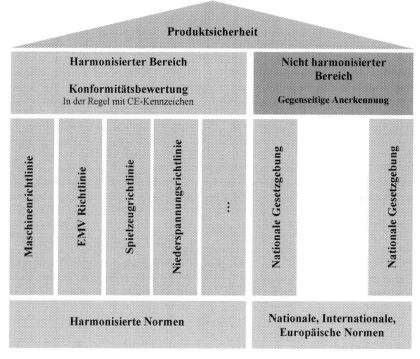

Abb. 3.3 Schaubild Produktsicherheit. (Bayrisches Staatsministerium für Wirtschaft, Infrastruktur, Verkehr und Technologie; 2011; Merkblatt, Pflichten der Wirtschaftsakteure; S. 3.)

Konstruktion und Bau von Maschinen der neuen Richtlinie beginnt der Wichtigkeit entsprechend mit der Risikobeurteilung, die die alte Gefahrenanalyse ablöst.

Die fünf Schritte des Verfahrens der Risikobeurteilung und Risikominderung entsprechen den Bestimmungen der DIN EN ISO 12100:2011 Sicherheit von Maschinen – Allgemeine Gestaltungsleitsätze – Risikobeurteilung und Risikominderung.

Sie umfassen im Wesentlichen:

- Gefährdungen zu ermitteln.
- Risiken unter Berücksichtigung der zu erwartenden Unfallschwere und Eintrittswahrscheinlichkeit abzuschätzen.
- die Risiken zu bewerten und Risikominderungsmaßnahmen zu erwägen, Gefährdungen auszuschalten oder zu mindern.

Die Risikobeurteilung ist auch Bestandteil der technischen Unterlagen, die in der alten Richtlinie als Dokumentation bezeichnet.

Die Verpflichtung zur Durchführung von Risikobeurteilungen ist in den produktbezogenen Richtlinien nach Artikel 114[35] EG-Vertrag verankert. Wird die Risikobeurteilung vor dem Bau einer Maschine unterlassen, werden Gefährdungen unter Umständen nicht erkannt und Risiken unterschätzt.

Die Folge sind mangelhafte Maschinen, deren Benutzung mit einem höheren Unfallrisiko verbunden ist. Unangenehme und kostspielige Rechtsfolgen (z. B. strafrechtliche Verfolgung, Produkthaftung, Regressverfahren) können dann den oder die Verantwortlichen treffen.

Nach Maßgabe der Maschinenrichtlinie hat der Hersteller einer Maschine oder sein Bevollmächtigter dafür Sorge zu tragen, dass „eine Risikobeurteilung vorgenommen wird, um die für die Maschine geltenden Sicherheitsschutz und Gesundheitsschutzanforderungen zu ermitteln. Die Maschine muss dann unter Berücksichtigung der Ergebnisse der Risikobeurteilung konstruiert und gebaut werden."[36] Bei einer Risikobeurteilung geht es also darum, die Sicherheits- und Gesundheitsanforderungen individuell für eine bestimmte Maschine zu ermitteln und diese umzusetzen. Es ist für die Planung und Konstruktion ein Gesamtkonzept zu erstellen, das gewährleistet, dass alle Vorschriften und Anforderungen für einen sicheren Betrieb der Maschine beachtet werden.[37]

Erfahrungsgemäß erfordert die Durchführung einer Risikobeurteilung ein methodisches Vorgehen im Rahmen einer Sicherheitsstrategie, um zu gewährleisten, dass nichts vergessen oder unterlassen wird.[38]

Die Risikobeurteilung ist kein Prozess, der nach dem Bau einer Maschine stattfindet, indem man die Risiken der bereits konstruierten Maschine austestet. Gefahren, die sich erst dann herausstellen, lassen sich kaum oder nur mit großem Aufwand abstellen oder zumindest abmildern. Die in der Maschinenrichtlinie 2006/42/EG in den Allgemeinen Grundsätzen des Anhangs I Nr. 1 geforderte Risikobeurteilung sollten Maschinenhersteller als Teil der Entwicklung und Konstruktion begreifen. Da es Ziel der Risikobeurteilung ist, alle mit der Maschine verbundenen Gefahren in allen Lebensphasen der Maschine, wie zum Beispiel Transport und Inbetriebnahme, Aufbau, Installation und Einstellung, Einsatz und Gebrauch (hierzu zählen Rüsten, Betrieb, Reinigung, Fehlersuche, Instandhaltung), Außerbetrieb-

---

[35] Art.114 AEUV 2008; siehe Anhang.

[36] Richtlinie 2006/42/EG des Europäischen Parlaments und des Rates vom 17. Mai 2006 über Maschinen und zur Änderung der Richtlinie 95/16/EG.

[37] Reudenbach, R. (2009); Sichere Maschinen in Europa – Teil 3 – Risikobeurteilung; S. 16 f.

[38] Reudenbach, R. (2009); Sichere Maschinen in Europa – Teil 2 – Herstellung und Benutzung richtlinienkonformer Maschinen; S. 86 f.

nahme, Abbau und Demontage bis hin zur Entsorgung) und für alle zugehörigen Eingriffe zu identifizieren und dort, wo dies notwendig ist, geeignete Maßnahmen zur Beseitigung oder Reduzierung des Risikos zu ermitteln und festzulegen.[39] Die Qualität der Risikobeurteilung hängt wesentlich von den Informationen ab, die hierfür zur Verfügung stehen. Dies können zum Beispiel aus der Marktbeobachtung gewonnene Erkenntnisse zu Unfällen oder Zwischenfällen mit vergleichbaren Maschinen oder Anlagen sein. In DIN EN ISO 12100 wird jedoch darauf hingewiesen, dass das Fehlen einer Unfallgeschichte, eine geringe Anzahl von Unfällen oder ein geringes Schadensausmaß nicht automatisch bedeutet, dass das Risiko auch tatsächlich gering ist. Um das tatsächliche Risiko zu ermitteln, müssen alle Informationsquellen herangezogen werden, zum Beispiel Fachliteratur, technische Spezifikationen, Prüfberichte, Handbücher oder Datenblätter verwendeter Komponenten, Hinweise aus der Marktbeobachtung etc.[40]

Bei dem iterativen Verfahren der Risikobeurteilung und Risikominderung, nach Maschinerichtlinie 2006/42/EG, Anhang I, Allg., Grundsätze Nr. 1, hat der Hersteller:

- die Grenzen der Maschine zu bestimmen, was bestimmungsgemäße Verwendung und jede vernünftigerweise vorhersehbare Fehlanwendung einschließt;
- die Gefährdung, die von der Maschine ausgehen können, und die damit verbundenen Gefährdungssituationen zu ermitteln;
- die Risiken abzuschätzen unter der Berücksichtigung der Schwere möglicher Verletzungen oder Gesundheitsschäden und der Wahrscheinlichkeit ihres Eintretens;
- die Risiken zu bewerten, um zu ermitteln, ob eine Risikominderung gemäß dem Ziel dieser Richtlinie erforderlich ist;
- die Gefährdung auszuschalten oder durch Anwendung von Schutzmaßnahmen die mit diesen Gefährdungen verbundenen Risiken der in Nr. 1.1.2 Buchstabe b) festgelegten Rangfolge zu mindern.

Im Folgenden werden die einzelnen Punkte, die zur Risikobeurteilung gehören, siehe Abb. 3.4[41], näher definiert, um die Wichtigkeit der benötigten Informationen zu verdeutlichen.

---

[39] Gangkofner, T.; Stoye, A.; 2012; Handlungsleitfaden Maschinen- und Anlagensicherheit; S. 61.

[40] Gangkofner, T.; Stoye, A.; 2012; Handlungsleitfaden Maschinen- und Anlagensicherheit; S. 61.

[41] In Anlehnung an die Richtlinie DIN EN ISO 12100:2011 Sicherheit von Maschinen – Allgemeine Gestaltungsleitsätze – Risikobeurteilung und Risikominderung.

Abb. 3.4 Vorgehensweise bei der Risikobeurteilung

1. Grenzen der Maschine festlegen

- **Verwendungsgrenzen**
  Bestimmungsgemäße Verwendung der Maschinen einschließlich ihrer Betriebsarten, Verwendungsphasen und unterschiedlichen Eingriffsmöglichkeiten für die jeweiligen Bedienpersonen; vernünftigerweise vorhersehbare Fehlanwendung der Maschine
- **räumliche Grenzen**
  (z. B. Bewegungsraum, Platzbedarf für die Installation und Instandhaltung der Maschine, Schnittstellen Mensch/Maschine und Maschine/Energieversorgung);
- **zeitliche Grenzen:**
  Vorhersehbare Lebensdauer der Maschine und/oder ihrer Teile (z. B. Werkzeuge, Verschleißteile, elektrische Bauteile) unter Berücksichtigung ihrer bestimmungsgemäßen Verwendung

2. Gefährdungen ermitteln(identifizieren):

Der ISO/IEC Guide 51.2 definiert den Begriff Gefährdung wie folgt: Gefährdung ist eine potentielle Schadensquelle[42].

---

[42] ISO/IEC; 20102; ISO/IEC PDGUIDE 51.2, ISO/IEC JWG 01/Revision of Guide 51, Safety aspects – Guidelines for their inclusion in standards; S. 1.

Als technischer Begriff bedeutet Gefährdung die Möglichkeit, dass eine Person, räumlich und/oder zeitlich mit einer Gefahrenquelle zusammentreffen kann. Das Wirksamwerden der Gefahr führt zu einem Schaden, z. B. zu einer Verletzung, Erkrankung oder zum Tod.

Es müssen alle Gefährdungen, Gefährdungssituationen und Gefährdungsereignisse festgestellt werden, die im Zusammenhang mit dem Einsatz der Maschine auftreten können. Die Beispiele in Anhang B der DIN EN ISO 12100 stellen eine Hilfe bei der Durchführung dieser Aufgabe dar. Ist eine anwendbare Produktnorm für die Maschine verfügbar, ist diese vorrangig zu behandeln!

3. Risikoeinschätzung

Das mit einer bestimmten Situation mit einem bestimmten technischen Verfahren zusammen hängende Risiko wird von einer Kombination der folgenden Elemente abgeleitet:

- das Ausmaß des möglichen Schadens;
- die Eintrittswahrscheinlichkeit dieses Schadens als Funktion von:
  - der Häufigkeit und der Dauer, die Personen der Gefährdung ausgesetzt sind;
  - der Wahrscheinlichkeit des Auftretens eines Gefährdungsereignisses;
  - der technischen und menschlichen Möglichkeiten zur Vermeidung oder Begrenzung des Schadens

4. Risikobewertung

Nach der Risikoeinschätzung wird eine Risikobewertung durchgeführt, um zu entscheiden, ob eine Risikominderung notwendig ist oder ob ein ausreichendes Maß an Sicherheit erreicht wurde. Wenn das Risiko weiter vermindert werden muss, ist die Risikobeurteilung zu wiederholen. Unter Berücksichtigung der Erfahrungen von Benutzern ähnlicher Maschinen muss der Konstrukteur in der in Abb. 3.4 angegebenen Reihenfolge erneut vorgehen!

5. Risikominderung

Alle Schutzmaßnahmen, die zum Erreichen dieses Ziels angewendet werden, sind in der angegebenen Reihenfolge zu ergreifen:

1. Der wirkungsvollste und damit auch der erste Schritt in der Risikominderung ist die inhärente sichere Konstruktion einer Maschine. Durch die Anwendung dieser Maßnahmen entsteht, im Gegensatz zu den technischen Schutzeinrichtungen, kein zusätzlicher Aufwand und ist deshalb auch nicht anfällig für eine Manipulation. Im Gegensatz zu den Benutzerinformationen wirken sie unabhängig vom Willen des Benutzers. Die DIN EN ISO 12100 ist ein Hilfsmittel

für die inhärent sichere Konstruktion, da sie, im Abschn. 6.2, Maßnahmen zur inhärent sicheren Konstruktion aufzeigt.

2. In Abschn. 6.3 der DIN EN ISO 12100 werden die Maßnahmen zur Verwendung von technischen Schutzmaßnahmen und ergänzende Schutzmaßnahmen beschrieben, ebenso in der Maschinenrichtlinie 2006/42/EG im Anhang I, zum Beispiel in Abschn. 1.3.8 Wahl der Schutzeinrichtungen gegen Risiken durch bewegliche Teile und 1.4 Anforderungen an Schutzeinrichtungen. Diese Schutzmaßnahmen müssen angewendet werden, wenn eine Risikominderung durch inhärent sichere Konstruktion nicht möglich oder ausreichend ist.

3. Sind trotz aller Schutzmaßnahmen, die ausgeschöpft werden konnten, noch Restrisiken vorhanden, muss der Benutzer darüber informiert werden, um organisatorische, persönliche oder Ausbildungsmaßnahmen ergreifen zu können und so das Restrisiko auf ein akzeptables Maß zu senken.

Zu den Benutzerinformationen gehören Signale und Warneinrichtungen zur Abwehr unmittelbar drohender Gefahren, wie zum Beispiel die an der Maschine anzubringenden vorgeschriebenen Kennzeichnungen sowie Warnhinweise auf Restgefährdungen vorzugweise in Zeichen oder Piktogrammform.[43]

Konkrete Maßnahmen zur Risikominderung sind in jedem Einzelfall unter Berücksichtigung aller Umstände und Sicherheitsbestimmungen maschinen- bzw. anlagenspezifisch festzulegen.

Der iterative Prozess zum Erreichen der Sicherheit muss bei Änderungen an der Maschine, egal in welchem Stadium der Lebenszyklusphasen, überprüft und gegebenenfalls neu durchgeführt werden. Bei der Realisierung müssen alle sicherheitstechnischen Anforderungen auf ihre Richtigkeit überprüft werden. Die Restgefährdungen müssen in der Betriebsanleitung festgehalten werden.

Betriebsanleitung Das Erstellen einer Betriebsanleitung gehört ebenso zu den Aufgaben eines Herstellers wie die Erstellung der technischen Dokumentation. Ohne diese darf die Maschine nicht in Verkehr gebracht oder in Betrieb genommen werden darf, da die Betriebsanleitung ein Teil der Maschine ist. Der § 3 der 9. Produktsicherheitsverordnung sagt aus, dass der Hersteller vor dem Inverkehrbringen oder der Inbetriebnahme die Betriebsanleitung im Sinne des Anhangs I der Richtlinie 2006/42/EG zur Verfügung stellen muss.[44]

---

[43] Mössner, T.; 2012; Risikobeurteilung im Maschinenbau; Diese Veröffentlichung ist der Abschlussbericht zum Projekt „Risikobeurteilung von Produkten – Empfehlungen zur Vorgehensweise, Beurteilungskriterien und Beispiele" – Projekt F 2216– der Bundesanstalt für Arbeitsschutz und Arbeitsmedizin; S. 20 ff.

[44] § 3 Abs. 2 (3) 9. Produktsicherheitsverordnung.

Wie die Betriebsanleitung aufzubauen ist und welche erforderlichen Informationen sie zu enthalten hat, ist in der neuen DIN EN 82079-1 geregelt. Der erste Teil der Norm legt allgemeine Prinzipien zum Erstellen von Anleitungen fest und zeigt detailliert die Anforderungen an die Gestaltung der Gliederung, dem Inhalt und der Darstellung auf. Sie gilt für jede Art von Anleitungen, mit ihrer Umsetzung wurde eine international einheitliche Form zur Erstellung von Anleitungen eingeführt.[45] Weitere Teile sind noch in der Ausarbeitungsphase und werden die Bestimmungen zur Erstellung von Anleitungen weiter reglementieren und vereinheitlichen.

Stellungnahme Betreiber von Maschinen und Anlagen die bei der Änderung einer Maschine in den Bereich einer wesentlichen Veränderung gelangen, haben einiges zu bewältigen. Nur ein Teil der Aufgaben, die auf den neuen Hersteller zukommen, ist hier beschrieben worden. Dieser ausgeführte Teil der verdeutlicht, dass Betreiber gut überlegen sollten, ob sie den Schritt zum Hersteller wagen. Im Vorfeld zu klären, in wie weit der Betreiber mit seinen Ressourcen überhaupt dazu in der Lage ist die Position des Herstellers einzunehmen hat in seiner Organisation zu überprüfen. Es ist demnach ratsam einige Fragen zu beantworten um abzuwägen und zu entscheiden, ob eine wesentliche Veränderung der Maschine der richtige Weg ist oder eventuell doch die Anschaffung einer neuen Maschine die bessere Wahl ist. Die Vorgehensweise bei der Fragestellung könnte beispielsweise folgendermaßen gestaltet sein:

- Welchen Nutzen bringt dem Betreiber die Veränderung?
- Bestehen die personellen Ressourcen für die Abwicklung des gesamten Projektes? Was muss Fremdvergeben werden?
- Welche Kosten entstehen?
- Was kostet eine neue Maschine?

Dies sind einige Fragen die beantwortet werden sollten, um zu entscheiden welches Vorgehen umgesetzt wird.

Nicht jeder Betreiber verfügt selbst oder in seiner Organisationen über die fachlichen und personellen Ressourcen die nötig sind, um die Aufgaben, wie zum Beispiel das Erstellen einer Risikobeurteilung, rechtskonform zu erledigen und jeglichen Produkthaftungsansprüchen aus dem Wege zu gehen.

---

[45] DIN EN 82079, Erstellen von Gebrauchsanleitungen – Gliederung, Inhalt und Darstellung – Teil 1: Allgemeine Prinzipien und detaillierte Anforderungen.

Schlussteil 4

4.1 Zusammenfassung

Am Beispiel der Firma Y ließen sich einige Erkenntnisse gewinnen. Es zeigte sich, dass beim Betreiben von Maschinen ist der Betreiber nicht nur verpflichtet die Maschine auf Einhaltung von Sicherheitsschutz und Gesundheitsschutz zu überprüfen und diesen zu gewährleisten, sondern er muss gemäß der Betriebssicherheitsverordnung sämtliche Gefährdungen der Maschine und der jeweiligen Umwelt in einer Gefährdungsbeurteilung schriftlich festhalten. Ergeben sich Veränderungen der Gefährdungen oder entstehen neue, zum Beispiel durch den Einsatz einer anderen persönlichen Schutzausrüstung ist die Gefährdungsbeurteilung entsprechend anzupassen.

Bei der Erstellung oder Anpassung einer Gefährdungsbeurteilung ist es sinnvoll die Sicherheitsfachkräfte und Beschäftigte die an der Maschine arbeiten sowie Betriebsärzte mit einzubeziehen, da sie ihre Erfahrungen mit einbringen und eventuell auf Gefahren die nicht berücksichtigt wurden hinweisen können. Zusätzlich bieten unter anderem die Berufsgenossenschaften und die Bundesanstalt für Arbeitsschutz und Arbeitsmedizin (BAuA) Leitfäden und Checklisten zur leichteren Erstellung von Gefährdungsbeurteilungen an. Unterstützung bei der Durchführung einer Gefährdungsbeurteilung bietet auch das Internetportal „Gefährdungsbeurteilung"[1]. Es macht den Prozess der Gefährdungsbeurteilung transparent und erleichtert über eine Datenbank den Zugang zu relevanten Handlungshilfen. Nutzer dieses Portals, unabhängig ob Laien oder Experten, finden entsprechend ihrer Erfahrung die für sie passenden Informationen, da sowohl Basis- als auch Expertenwissen vermittelt wird.

---

[1] http://www.gefaehrdungsbeurteilung.de/.

D. Schmidt, *Rechtliche Grundlagen für den Maschinen- und Anlagenbetrieb,* essentials,   47
DOI 10.1007/978-3-658-05612-4_4, © Springer Fachmedien Wiesbaden 2014

Das Portal wurde von der Bundesanstalt für Arbeitsschutz und Arbeitsmedizin in enger Abstimmung mit den Trägern der Gemeinsamen Deutschen Arbeitsschutzstrategie (GDA) entwickelt.

Nachdem die Gefährdungsbeurteilung und die Art, Umfang und Fristen erforderlicher Prüfungen der Arbeitsmittel festgelegt hat, muss der Betreiber festlegen, welche Anforderungen die Personen erfüllen müssen, die von ihm mit der Prüfung oder Erprobung von Arbeitsmitteln zu beauftragen sind.[2] Die Beschäftigten, die an und in der Arbeitsumgebung der Maschine tätig sind, müssen vom Betreiber, gemäß § 9 Betriebssicherheitsverordnung, entsprechend der Gefährdungsbeurteilung unterrichtet und unterwiesen werden. Bei der Unterrichtung der Beschäftigung nach § 81 des Betriebsverfassungsgesetzes und § 14 des Arbeitsschutzgesetzes müssen angemessene Informationen über die Gefährdungen, auch wenn sie die Maschine nicht selbst benutzen, mitgeteilt werden.[3] Ergänzend zur Unterrichtung kommt die Unterweisung der Beschäftigten, gemäß § 12 Arbeitsschutzgesetz, die unmittelbar mit und an der Maschine tätig sind.[4]

Die Erstellung und Pflege der Gefährdungsbeurteilung ist ein iterativer Prozess, der vom Betreiber gelebt werden muss.

Das Handeln und Vermieten von Maschinen fordert vom Betreiber spezielle Kenntnisse, wie Vorwissen im Handelsrecht. Ist dies nicht der Fall, sollte er sich mit der Thematik an einen externen fachlichen Beistand wenden. Dieser kann ihm entweder beratend zur Seite stehen oder die gewünschten Aufgaben für ihn übernehmen.

Auch im Bereich des Umbaus und des Herstellens von Maschinen ist der Betreiber gut beraten auf fachbezogene Experten zurückzugreifen und diese mit den jeweiligen Aufgaben zu betrauen, wenn er selbst nicht dazu in der Lage ist. Insbesondere bei der wesentlichen Veränderung einer Maschine und der damit verbundenen neuen Inverkehrbringung ist es nicht von einer einzelnen Person zu bewältigen. Die benötigten erforderlichen fachlichen Kompetenzen sind zu umfassend und das Risiko einer nichtrechtskonformen Umsetzung des Projekts zu groß. Die Folgen könnten erheblich sein, seien sie im Bereich Produkthaftung, Imageverlust oder sogar strafrechtlicher Art.

---

[2] § 3 Abs. 3 Betriebssicherheitsverordnung.

[3] § 9 Abs. 1 Betriebssicherheitsverordnung.

[4] § 9 Abs. 2 Betriebssicherheitsverordnung.

4.2 Ausblick

Es wurde aufgezeigt mit welchen Gesetzen der Staat das Spannungsverhältnis zwischen dem Unternehmer und dem Schutz von Leben und körperlicher Unversehrtheit der Beschäftigten auflöst. Somit ist diese Arbeit für Unternehmen wie die Firma Y eine Hilfestellung für den Umgang mit Maschinen. Unabhängig davon ob sie bereits in Betrieb sind oder erst in Betrieb genommen werden sollen. Alle untersuchten Themenfelder haben eines gemeinsam. Betreiber sind nicht gut damit beraten sie leichtsinnig zu bewirtschaften, da es bei jedem noch so kleinem Außerachtlassen der Vorschriften Konsequenzen von erheblichem Ausmaß nach sich ziehen kann. Seien es wirtschaftliche Schäden, zum Beispiel der Imageverlust und dadurch folgende Umsatzeinbußen, über Ordnungswidrigkeiten, Vertragsverletzungen, bis hin zur Straftat steht der Betreiber einer Maschine gegenüber, sobald er die Vorschriften missachtet. Kommt ein Personenschaden eventuell mit Todesfolge dazu, dann ist psychische Belastung ein Aspekt, der ebenfalls einen Schaden beim Betreiber verursachen kann, von dem er sich gegebenenfalls nicht wieder erholt.

Auffällig ist, dass bei allen Aspekten der Betreiber gut beraten ist, wenn er nicht alleine versucht sie zu beachten, sondern sich jeweils im Vorfeld mit den Themenfeldern auseinandersetzt und sich die entsprechenden Experten zur Unterstützung heranzieht. Unabhängig ob er sie intern oder extern findet, muss er sie mit ins Boot nehmen, wenn er sämtliche Risiken und eventuellen Folgen aus dem Weg gehen, kurz gesagt, sich rechtskonform verhalten will. Dies wurde zum Beispiel beim Betreiben einer Maschine ausgeführt, wo bei der Erstellung der Gefährdungsbeurteilung der Betriebsrat, Betriebsarzt, Mitarbeiter, Sicherheitsfachkraft usw. mit ins Projekt Gefährdungsbeurteilung ein-beziehen soll und auch muss.

Beim Kaufen oder Handeln mit Maschinen konnte dargestellt werden, dass der Betreiber nicht einfach eine Maschine kaufen und in Betrieb nehmen kann. Die Maschinen muss er auf ihre Rechtskonformität hin überprüfen. Hat sie ein CE-Kennzeichen, ist sie vor 1995 in den Europäischen Wirtschaftsraum erstmalig in Verkehr gebracht worden und entspricht somit den Mindestanforderungen des Anhang I der Betriebssicherheitsverordnung. Auch der Zeitpunkt des erstmaligen Inverkehrbringens ist ein Aspekt, der berücksichtigt werden muss. Der Betreiber muss sich über diese Punkte im Klaren sein bevor eine Entscheidung trifft, die ihn im Nachhinein vor großem finanziellem Schaden bewahren könnte, weil die Maschine gegebenenfalls wesentlich verändert und somit neu in Verkehr gebracht werden muss. Er wird dann unbeabsichtigter Weise zum Hersteller und muss wesentliche neue Aspekte beachten.

Die damit verbunden Anforderungen, die der Betreiber dann als Hersteller erfüllen muss, gehören wahrscheinlich nicht zu seinem Tagesgeschäft und die benötigten fachlichen Kompetenzen zur Bewältigung kann er voraussichtlich nur an externe Experten abgeben Die Thematik des Herstellens von Maschinen ist ein aufwendiges Gebiet, welches am Beispiel der Risikobeurteilung und ihre Komplexität nur zu einem Bruchteil darstellt werden konnte.

Betreiber erhalten hier einen Überblick über den Stand der Gesetzgebung, Vorschriften sowie Hilfsmittel für das rechtskonforme Umgehen mit Maschinen. Dies kann nur eine Grundstruktur sein, die auf den Einzelfall abgestimmt werden muss.

Diese Arbeit soll Betreiber sensibilisieren für den Umgang mit Maschinen und Anlagen. Das Bewusstsein der Betreiber im Hinblick auf ihre Verantwortung und der Komplexität des Betreibens von Maschinen soll sich erweitern. Diese Arbeit gibt dazu Anregungen und Hilfestellung.

Literaturverzeichnis

BAuA Leitfaden für Arbeitsschutzmanagementsysteme Dortmund, 2002.

Bayrisches Staatministerium Merkblatt – Pflichten der Wirtschaftsakteure München, 2011.

Bell, Frank Qualität der Prävention – Teilprojekt 6 – Unfallverhütungsvorschriften (UVVen) Sankt Augustin, 2007.

Berufsgenossenschaft Holz und Metall BGV A1 – Grundsätze der Prävention Mainz, 2012.

Europäische Gemeinschaft Leitfaden für die Umsetzung der nach dem neuen Konzept und dem Gesamtkonzept verfassten Richtlinien Straßburg, 2000.

Europäische Kommission Leitfaden für die Umsetzung der nach dem neuen Konzept und dem Gesamtkonzept verfassten Richtlinien Luxemburg; 2000.

Fraser, Ian Leitfaden für die Anwendung der Maschinenrichtlinie 2006/42/EG// Leitfaden für die Anwendung der Maschinenrichtlinie 2006/42/EG. 2. Auflage, Brüssel, 02. Juni 2010.

Frick, Helmut CE-Kennzeichnung von Maschinen – Marktüberwachung wird verstärkt Fachzeitschrift Technische Dokumentation. Februar 2002.

Gangkofner, Thomas und Stoye, Andreas Handlungsleitfaden Maschinen- und Anlagensicherheit 2012.

D. Schmidt, *Rechtliche Grundlagen für den Maschinen- und Anlagenbetrieb,* essentials, 51
DOI 10.1007/978-3-658-05612-4, © Springer Fachmedien Wiesbaden 2014

Holm, Mathias und Geray, Max Integration der psychischen Belastungen in die Gefährdungsbeurteilung 5. Auflage, Berlin, 2012.

Hutzinger, Christoph Optimierung Administrativer Prozesse München, 2008.

ISO/IEC ISO/IEC PDGUIDE 51.2, ISO/IEC JWG 01/Revision of Guide 51, Safety aspects – Guidelines for their inclusion in standards Brüssel, 2012.

Jungbecker, Rolf Arzthaftung – Mängel im Schadensausgleich? Leipzig, 2009.

Lange, Hermann, Schiemann, Gottfried Handbuch des Schuldrechts „Schadenersatz" 3. Auflage, Tübingen, 2003.

Loerzer, Michael; Buck, Peter und Schwabedissen, Andreas Rechtskonformes Inverkehrbringen von Produkten Berlin, 2013.

Mössner, Thomas Risikobeurteilung im Maschinenbau Berlin, 2012.

Ostermann, Hans-J Wesentliche Veränderung von Maschinen und Anlagen Niederkassel, 2010.

Ostermann, Hans-J Bestandsschutz von Maschinen und Anlagen Niederkassel, 2011.

Pardey, Frank Berechnung von Personenschäden 3. Auflage; Heidelberg, 2005.

Reudenbach, Rolf Sichere Maschinen in Europa – Teil 1 – Rechtsgrundlagen Bochum, 2009.

Reudenbach, Rolf Sichere Maschinen in Europa – Teil 2 – Herstellung und Benutzung richtlinienkonformer Maschinen 4. Auflage, Bochum, 2009.

Reudenbach, Rolf Sichere Maschinen in Europa – Teil 3 – Risikobeurteilung und Sicherheitskonzept 4. Auflage, Bochum, 2009.

TÜV Merkblatt Personalqualifikation CE-Koordinator Hamburg, 2011.

VBG-Fachinformation Warnkreuz Spezial Nr. 40 Anforderungen an die Sicherheitstechnik: Alt- und Gebrauchtmaschinen weiter betreiben Hamburg, 2011.

Willrich, Thomas Das neue Produktsicherheitsgesetz Berlin, 2012.

Onlinequellen

Amtsblatt der Europäischen Union L 157 http://eur-lex.europa.eu/JOHtml. do?uri = OJ:L:2006:157:SOM:EN:HTML.

Deutscher Bundestag http://www.bundestag.de/service/glossar/G/gesetze.html; 24.05.2013; 14:25 Uhr.

Europäische Komission http://www.eu-richtlinien-online.de/cn/J-119C23A113 DCB2FCECAF26D842BF051B.4/bGV2ZWw9dHBsLWluZm8tZWctcmljaHRsaW5 5pZW4*.html 28.01.2013 07.54 Uhr.

Excel Arbeitsschutz http://excel-arbeitsschutz.de/ex-prevention/images/EU-Re chtssystem_OHAS.png 29.01.2013 08.59 Uhr.